The Empath's Survival Guide: Life Strategies for Sensitive People

不为所动

精神科医生写给高敏感人群的处世建议

JUDITH ORLOFF

[美] 朱迪斯·欧洛芙 著

许恬宁 译

中信出版集团 | 北京

图书在版编目（CIP）数据

不为所动 /（美）朱迪斯・欧洛芙著；许恬宁译
. -- 北京：中信出版社，2020.8（2021.8重印）
书名原文：The Empath's Survival Guide: Life Strategies for Sensitive People
ISBN 978-7-5217-1634-4

Ⅰ.①不… Ⅱ.①朱… ②许… Ⅲ.①情绪—自我控制—通俗读物 Ⅳ.① B842.6-49

中国版本图书馆 CIP 数据核字 (2020) 第 035801 号

不为所动

著　　者：[美]朱迪斯・欧洛芙
译　　者：许恬宁
出版发行：中信出版集团股份有限公司
（北京市朝阳区惠新东街甲4号富盛大厦2座　邮编　100029）
承 印 者：北京诚信伟业印刷有限公司

开　　本：880mm × 1230mm　1/32　　印　　张：8
字　　数：140千字　　版　　次：2020年8月第1版
印　　次：2021年 8月第 7 次印刷
京权图字：01-2019-5491
书　　号：ISBN 978-7-5217-1634-4
定　　价：49.80元

相较于生性不敏感的人，敏感者的人生多出许多磨难，但他们要是能理解并升华自己的苦难，将发生不可思议的事。

——印度哲学家吉杜·克里希那穆提

目 录

1/001

拒做别人情绪的海绵

2/031

停止吸收他人的负能量

3/063

挣脱束缚，不必羞愧

4/085

在自己和伴侣之间明确设限

5/119

远离“自恋狂”、“愤怒狂”、“控制狂”和“受害者”

6/143

原生家庭造就的敏感儿童

7/177

避开小题大做、背后捅刀的“有毒”同事

8/205

通往内心强大的路

自我保护快速参考指南 / 213

成立社群，寻求支持 / 238

谢　辞 / 241

注　释 / 243

参考阅读书单 / 247

1

拒做别人
情绪的海绵

我从事医疗工作，在美国南加州大学与加州大学洛杉矶分校接受过十四年传统医学训练。此外，我还有一个身份是“共感人”，在执业的二十多年间，专门治疗和自己一样的高敏感人士。人类的敏感程度呈光谱状，有的人高，有的人低，共感人就像是一块情绪的海绵，同时吸收这个世界的压力与喜乐。我们共感人什么都感受得到，通常以极端的方式感受，不太有能力在自己与他人之间筑起一道墙，也因此经常感到被外界排山倒海而来的刺激压垮，相当容易碰上精疲力竭与“感官超载”的问题。

不论是在我的职业生涯还是个人生活中，我都非常热衷于“共感人”这个主题。我研发出特别的策略，用于处理共感人遇上的挑战，保护自己敏感的天性，让敏感尽量是一件好事。敏感带来的好处太多了！我想和各位分享如何成为身心平衡、活力充沛、幸福快乐的共感人。敏感人要过得好，一定要学会避免吸收来自他人的负能量、身体症状及压力。此外，我希望让各位身边最亲近的人，包括家人、同事、上司、父母、另一半，进一步了解能支持你、与你沟通的最佳方法。接下来本书将带领大家达成以上目标。

本书要献给同病相怜的敏感族同胞，协助大家理解并接受自己的天赋。很多时候，这个世界很粗鲁、傲慢、无情，以鄙夷的态度对待心思细腻的人。我要挑战现状，教大家以正确的心态看待敏感，不论身处敏感光谱的哪一边都一样。生性敏感不是你的“错”，各位读下去就会知道，敏感其实是你最大的优势。我将利用本书建立起让各位找到同伴的支持社群，做真正的自己，好好发光发热。我想推广让人们以敏感为荣的运动。欢迎来到这个充满爱的园地！各位要怀抱希望，接纳自己，拥抱自己的天赋，在共感之旅中充分发挥自身的美好力量。

什么是共感人？

共感人拥有极度活跃的神经系统，我们的大脑和别人不同，无法过滤与阻绝刺激，使得我们容易把身边的正能量与压力能量同时吸进体内。我们高度敏感，如果说一般人是用五根手指握住外界的刺激，我们是用五十根，是货真价实的超级反应器。

研究显示，每个人的敏感程度不同，高度敏感者大约占两成人口。[1]共感人通常被贴上“太敏感”的标签，老是被说：“别想太多就没事了。”从小到大，我们并未因为生性敏感而得到呵护，反倒备受屈辱。我们长期感到疲惫，希望远离这个世界，因为这个世界经常让我们难以招架。然而今日的我，绝不会用任何东西交换自己的共感能力，共感使我得以感受到宇宙的奥妙，体验做梦也想不到的热情。

不过，我并不是从小就过着美好的共感人生，而是历经千辛万苦才走到今日。

身为共感人的成长历程

我和许多具备共感能力的孩子一样，向来是边缘人，感到自己像是地球上的外星人，希望回到星辰上真正的家。我还记得自己坐在家中前院，仰望着宇宙，希望宇宙飞船会降临带我回家。我是独生女，很多时候都是一个人独处，没有可以分享心事的人，也没人了解我，因为似乎没人像我这样。我来自一个出了二十五位医生的大家族，父母都是医生，他们告诉我："亲爱的，坚强一点，脸皮厚一点。"我不想要脸皮厚一点，也根本不知道怎样才能做到。我无法待在人多的购物中心或派对中，走进去时原本一切安好，出来时却会精神不振、头晕目眩、焦虑不安，身体某个部位无缘无故痛了起来。

当时的我并不知道，每个人身体周围都包着一个精微能量场，散发出来的微光，可穿透并延伸几英寸[①]，甚至是几英尺[②]。能量场传递着信息，如心情、身体健康状况。我们身处

---

① 1 英寸 ≈ 2.54 厘米。——编者注

② 1 英尺 ≈ 30.48 厘米。——编者注

拥挤的场所时，他人的能量场会与我们的能量场重叠。我接收到大量的强烈感受，但完全不知道那些是什么，也不知道该如何诠释。我只感受到人多时会焦虑疲惫，最重要的是我想逃离。

我的青少年时代在洛杉矶度过，一度对药物上瘾，好让自己不那么敏感（我可不建议各位这么做！）。麻木之后，我就有办法面对这个世界，和朋友一样参加派对，逛购物中心。那种感觉太棒了，我松了一大口气！我在个人回忆录《神奇的第二视觉》（*Second Sight*）中提过，我靠着药物关掉直觉与共感能力，但后来出了一场差点造成悲剧的车祸。我于凌晨三点开着一辆奥斯汀①（Austin）的 Mini Cooper，冲下托潘加峡谷 1500 英尺②高的悬崖，爸妈差点没吓死，于是把我送去看精神科医生。

我自然是百般不愿意地去看了精神科医生，但没想到我的医生如天使下凡，他是世上第一个帮助我的人。他让我了解，如果要成为一个完整的人，就得全心接受自己的敏感天性，而不是逃离。我开始踏上治愈之旅，接受自己是一个共感人。由于童年时期的共感与直觉体验吓坏了我，我在逐渐

① 奥斯汀是英国汽车品牌。——编者注

② 1500 英尺 ≈ 457.2 米。——编者注

蜕变成医生与女人时，有一部分是在学习拥抱共感能力。那些是应该被呵护、培养的宝贵能力，这也是为什么日后我在担任精神科医生和举办工作坊时，特别着重于协助高敏感人士。

没错，身为共感人的我们有可能发光发热！共感力是这个世界需要的良药。

共感体验

接下来，我们要进一步探索各种共感体验。各位可以了解一下自己是否是共感人，或者身边是否有亲友、同事具备相关的特质。

首先，具备一般的“同理心”和“共感人”有什么不同？一般的同理心是指别人遭遇困难时，我们有能力同情对方，别人开心时，我们也会替对方开心。身为共感人，则是指我们的身体真切感受到他人的情绪、能量与症状，不像多数人通常可以过滤掉那些东西。我们既能感受到他人的忧伤，也能体验到他人的喜悦，对他人的讲话音调与肢体动作极度敏感，而且听得出言外之意，会接收到以口头之外的方式与沉默传达出的信息。和社会上过分崇尚理性的多数人相反，共感人先是感受到，接着才思考。共感人与外界并未隔着一层界限，也因此和其他人极度不同；别人几乎从出生开始，就有办法保护自己。

心理学家伊莱恩·阿伦提出“高敏感族”一词，而共感人具备所有或部分的“高敏感族”特质，包括易受刺激；需要独处时间；对光线、声音、气味敏感；厌恶人多的地方。此外，高敏感族在度过忙碌的一天后，需要较长的时间才能放松下来，因为他们的身体从高度刺激过渡到安定状态的速度较慢。此外，共感人与高敏感族的另一个共通点是喜爱大自然与安静的环境。

人际沟通类型：内向与外向的共感人

身体共感人、情绪共感人、直觉共感人，各自拥有不同类型的社交风格，以不同方式与世界互动。共感人大都是内向者，但也有外向者，其他共感人则是内外向的综合体。内向的共感人（我自己就是）极度无法忍耐社交和闲聊，在聚会中比较安静，也喜欢提早离开。他们通常自己开车来，不和别人共乘，以免感到被困在社交场合，必须依靠他人才能离开派对。

我喜欢和一两位亲密好友待在一起，通常不会参加大型派对或聚会。我不喜欢闲聊，也从来没学会闲聊的技巧。内向者通常如此。一般来说，我有办法在一群人当中社交两三个小时，接着就会感觉接收到太多刺激。朋友知道我的情况，就算我提早走，他们也不会不高兴。

外向的共感人则相反，社交时侃侃而谈，互动程度高，也能享受开玩笑的气氛。外向者有办法长时间待在社交情境中，不会感到精疲力竭或接收到过度的刺激。

一个人是如何变成共感人的?

许多因素都会让一个人成为共感人。

有的婴儿来到世上时，原本就比其他孩子敏锐，那是一种天生的气质，这从他们一出生就看得出来。他们对光线、气味、碰触、动作、温度、声音特别敏感。此外，我从自己的工作坊病患成员身上，观察到某些类型的敏感可能是遗传的。高敏感孩子的爸妈，也可能具备相同的敏感特质。

此外，教养风格也有影响。小时候如果被忽视或受虐，成人时期的敏感程度会连带受影响。我治疗过的部分共感人士早期有过创伤，例如身心遭受虐待，或是父母酗酒、忧郁、自恋。被慈爱家长带大的孩子，通常会发展出健康的防御机制，但受虐儿童的相关心理机制可能被破坏。这样的孩子受到成长过程的影响，一般不觉得家人“看得见”自己，认为自己在这个不欢迎敏感特质的世上是隐形的。

不过一般说来，无论是哪一种情形造就的共感人，他们并未和其他人一样学会自我保护、抵抗压力。我们和别人不同的地方就在这里。乱发脾气的人、拥挤的人群、噪音、亮光等有害刺激，都能让我们心烦意乱，因为我们的感官超载阈值非常低，一点点刺激就会引发很大的反应。

共感的科学

目前有不少的科学发现，足以说明为何会有共感体验。以下是我个人特别感兴趣的几种解释：

镜像神经元系统

研究人员发现，人脑中有一群特定的细胞负责同情心，每个人因此能够感受到情绪，分享他人的痛苦、恐惧、喜悦。共感人由于镜像神经元特别敏感，别人的感受会深深引发我们的共鸣。外在事件会触发镜像神经元。像是另一半难过时，我们也会感到难过。孩子哭泣的时候，我们也会感到伤心。朋友要是快乐，我们也会感到快乐。相较之下，科学上认为心理变态者、反社会人士、自恋者则患有“同理心缺失症”（详见第五章），也就是他们缺乏同情其他人的能力，背后原因可能是不活跃的镜像神经元系统。我们必须小心这种人，他们无法给予别人无条件的爱。[2]

电磁场

第二个相关的共感人科学发现，大脑与心都会产生电磁场。“美国心数学院”指出，这些电磁场会传送人们的思绪与情绪信息。共感人可能对这些输入的信息特别敏感，容易无法承受。同样地，地球与太阳的电磁场出现的变化，通常会引发共感人强烈的身体与情绪反应。共感人深知地球与太阳发生的事情影响着人类的心灵与能量状态。[3]

情绪感染

第三项让我们进一步了解共感人的科学是“情绪感染”现象。研究显示，许多人会染上身边人的情绪，例如医院病房里，只要有一个婴儿号啕大哭，就会引发其他婴儿跟着哭。工作地点如果有一个人大声表达自己的焦虑，其他工作者也会跟着不舒服。人们一般会感染群体中他人的感受。《纽约时报》近日的一篇报道指出，与他人情绪同步的能力是良好人际关系的关键。共感人该如何运用这项发现？答案是，在生活中选择和正面的人待在一起，以免被负能量拖累。此外，朋友过得不顺遂时，共感人要特别小心，别让自己的情绪随之起伏。本书将传授各位相关的重要技巧。[4]

多巴胺敏感度增强

第四项发现与多巴胺有关。多巴胺是一种促进神经元活动的神经传导物质，与愉悦反应有关。研究显示，内向共感人对多巴胺的敏感程度，一般高过外向者。基本上来讲，内向共感人不需要太多多巴胺就能感到快乐。那足以解释为什么内向者比较有能力独处，一个人阅读与沉思，不太需要派对或其他大型社交活动带来的外在刺激。相较之下，外向者渴望有趣的活动刺激所带来的多巴胺，甚至会欲罢不能。[5]

联觉

第五项发现是神奇的“镜反射触觉联觉”（mirror–touch synesthesia），我对这项发现特别感兴趣。“联觉”是一种神经现象，大脑会将两种不同的感观配对，例如听音乐时会看见颜色或尝到字词的味道。具备联觉能力的名人包括科学家牛顿、音乐人比利·乔尔、小提琴家伊扎克·帕尔曼。然而，如果是有“镜反射触觉联觉”的人，他们连身体都会感受到他人的情绪与感觉，仿佛那些情绪是他们的。这种现象正好在神经学层面解释了共感人体验到的事。[6]

共感影响着生活中哪些领域?

共感的经验出现在日常生活中以下几个领域：

• 健康：许多来我这里问诊或参加工作坊的共感人，在学会帮自己克服敏感天性的实用技能前，都感到精疲力竭、心力交瘁。他们常被诊断罹患了恐旷症、慢性疲劳、纤维肌痛、偏头痛、慢性疼痛、各种过敏、肾上腺疲劳（倦怠的一种）。在情绪方面，他们可能感到焦虑、沮丧、恐惧发作。我们会在第二章继续谈论相关的主题。

- 成瘾：部分共感人沉溺于酒精、药物、食物、性爱、购物或其他试图麻痹自己的行为。暴饮暴食是常见现象，原因是部分共感人无意间靠吃东西来稳住自己。共感人借由让自己身上多一层肉来抵抗负能量，很容易过重。本书第三章会再讨论比较健康的应对机制。

- 人际关系、伴侣关系、性爱：共感人有可能不小心帮自己找了“有毒”的伴侣，导致焦虑、忧郁、生病。共感人太容易把自己的心交给自恋者，以及其他不懂得爱他们的人。共感人忠诚体贴，期待他人也会以相同方式回报，然而人生不一定如此幸运。此外，共感人光是与伴侣互动，就会吸收到伴侣的压力与情绪，如愤怒与沮丧，而做爱期间又是人体特别脆弱的时刻。本书的第四章、第五章，将介绍如何避免让自己接收到太多他人的情绪，与生活中的“有毒”人士划清界限，拥有健康的人际关系。

- 亲子关系：共感父母通常会因为长时间照顾孩子，接收到孩子的情绪与不舒适，容易承载压垮身心的疲惫感。第六章介绍共感人在带孩子时，应当如何避免吸收负能量。如果亲子间有共感天赋的是孩子，可能常常感到难以承受。这时，父母需要特别学习去协助他们培养自身的天赋，使他们茁壮成长。

- 工作：共感人会因为职场的“能量吸血鬼”而感到虚弱无力，却不知道该如何设下自我保护的界限。工作环境中有太多刺激、太少隐私。本书第七章会教共感人在工作时怎样稳住自己，让精力回升。

- 超群的知觉能力：共感人的高度敏感力，使他们拥有比一般人更强烈的直觉，有办法感受到他人的能量。此外，共感人特别容易产生预感，与动物沟通，在梦境中得知许多事情。第八章会谈到如何以身心不受影响的方式，利用相关能力。

自我评估

你是共感人吗?

想知道自己是不是共感人的话，请做以下的自我评估。每一题请以“大多数时候如此”或“大多数时候并非如此”回答：

- 别人曾说我太敏感、太害羞或内向?
- 我经常感到精疲力竭或焦虑?

- 吵架与大吼大叫让我不舒服?
- 我经常感到自己无法融入团体?
- 待在一堆人之中会耗损我的气力，我需要时间独处才能恢复?
- 我是否受不了嘈杂的声音、气味或爱讲话的人?
- 我是否对化学物质敏感，或是不太能够穿容易让皮肤发痒的衣物?
- 参加聚会时，我宁愿自己开车，好方便提早离开?
- 遇到压力时，我会不会大吃大喝?
- 我害怕在亲密关系中感到窒息?
- 我很容易被吓到?
- 我对咖啡因或药物有强烈的反应?
- 我是否不太能忍痛?
- 我是否有社交孤立的倾向?
- 我是否会接收他人的压力、情绪、症状?
- 事情排山倒海而来，让我精疲力竭。我喜欢一次做一件事就好?
- 我喜欢亲近大自然，滋养身心灵?
- 和难缠的人或“能量吸血鬼”相处过后，我需要很多时间才能复原?
- 相较于大城市，小城镇或乡村使我身心舒畅?
- 相较于一大群人狂欢，我偏好一对一的互动或小型聚会?

得分代表的含义：

- 你回答“是”的题数，如果为一到五个，至少有部分的你是共感人。
- 如果回答六到十个“是”，你有中等的共感倾向。
- 如果回答十一到十五个“是”，你有强烈的共感倾向。
- 如果回答“是”的题数超过十五个，你百分之百是共感人。

判断自己的共感程度后，可帮助你厘清自己的需求，知道一定要学习哪些策略，与共感天性共处，在生活中替自己创造出舒适圈。

身为共感人的优点与挑战

共感同时会带来以下几种优点与挑战：

常见的优点

我珍惜自己的共感天赋，也感激敏感天性在日常生活中为我带来的恩惠。我喜爱当直觉强大的人，乐于感受这个世界上流动的能量，解读他人，享受对人生与大自然敞开胸怀所带来的丰富体验。

我们共感人具备大量的美好特质，心胸开阔，悲天悯人，满怀梦想与理想。我们热情，一针见血，充满创意，有办法与自己的情绪联结，也具备同情心，能够看透事物的全局。我们懂得他人的感受，有办法当忠诚的朋友与伴侣。直觉强，精神力也很强，足以感受到能量。我们特别欣赏大自然的美好，回到大自然就像回到家一样，自然、植物、森林、花园特别能够引发我们的共鸣，而且我们往往喜欢水流。每当我们浸泡在温暖的热水中，或是生活在海边或河边，水都能提供我们能量。此外，我们强烈感受到与动物伙伴的直觉联结，我们常和动物说话，仿佛它们跟人类并无二致。我们有可能加入动物救援行动，或是与动物沟通。

常见的挑战

各位开始解决共感人会遇上的挑战，并且具备更多应对技巧后，就能真正享受到共感的所有好处。以下是我在病患与工作坊成员身上观察到的常见挑战：

- 承受过度的刺激：由于你无法和别人一样过滤刺激，

你经常感到如坐针毡，容易精疲力竭。每天要是没有足够的独处时间让自己恢复气力并放松，过度刺激和感官超载将带来副作用。

• 吸收他人的压力与负能量：你有时无法分辨某种情绪或身体上的不适，究竟是自己的，还是别人的。你因为吸收他人的不开心，出现痛苦、焦虑等各种身心症状。

• 对事物有强烈的感受：不论故事主角是人或动物，你无法观看暴力电影或令人伤感的电影，因为世间的残忍让你不舒服。你把人世间的重担扛在肩上，感受到生活中或新闻里其他人的苦痛。

• "情绪宿醉"或"社交宿醉"：你身旁人太多，或是当你被强烈的情绪围绕时，当下的感官超载引发的不舒服，在事后会维持很长一段时间。

• 孤单寂寞：你孤立自己，远离人群，感到无力承受这个世界，其他人因此觉得你冷漠无情。许多共感人高度警戒着周遭环境，想确认安全无虞，但也产生一股距离感。此外，虚情假意会让共感人不知所措，别人可能误把你愣住的反应当成冷淡，但那显然只是你自我保护的措施。有的共感人比较喜欢在网络上社交，因为网络可以让人保持一定的距离，避免吸收到他人身上的烦闷与压力。

- 感受到情绪上的疲惫：善解人意的坏处，就是人们很喜欢跑来跟你讲他们的人生故事。我从小就像身上挂着“我能帮你”的牌子。共感人一定得与他人设定清楚的界限，不要“过度给予”。

- 处理对光线、气味、味道、触碰、温度、声音相当敏感的情形：对许多共感人来讲，包括我自己在内，嘈杂的声音与明亮的光线令人很不舒服。声音与光线会穿透并振动我们的身体。救护车经过时，我得捂上耳朵。吹叶机与嘈杂机器极度刺耳。此外，我也无法忍受烟火爆炸声。那一类的声音会吓到我，我的反应就像受惊的狗。共感人受惊吓时，反应比常人激烈，因为强烈的感官刺激会引发强烈的反应。废气和香水等浓烈气味与化学物质，让我们头晕目眩、过敏、感到窒息。此外，我们也对极端的冷热温度敏感，不喜欢冷气。面对雷雨、狂风、下雪等剧烈的气候现象，我们的身体会充满或缺乏活力。此外，皎洁的满月能够补充许多共感人的精力，其他人则感到心烦意乱。

- 在亲密关系中表达感受：共感人与别人生活在同一个屋檐下、同睡一张床时，会有特殊的共感人需求。许多共感人需要单独的空间，有时也需要自己睡一张床才能感到自在。共感人一定得和另一半沟通自己的特殊需求。

不同性别会碰上的特殊挑战

当然，共感人因为纤细的天性，遇到的挑战大同小异，与性别无关，不过男、女共感人的确会以不同的方式碰上挑战。

举例来说，男性共感人通常以自己的敏感性格为耻，不愿多谈。他们觉得自己“不够有男子气概”，平日必须对抗性别的刻板印象，大概也被警告过不准当“爱哭鬼”，要“像个男人一点”。男孩子会被教导：“坚强的男子汉不哭。”性格敏感的男孩在学校会因为“娘娘腔”被霸凌。男性共感人对橄榄球、足球或有强烈肢体碰撞的运动可能不感兴趣，易被其他男孩排挤或嘲笑，因此压抑情绪，最终甚至忘记自己会有感受。由于种种原因，他们通常默默承受着一切，人际关系、职业生涯和健康连带受到影响。高敏感男性名人包括美国总统林肯、科学家爱因斯坦、美国演员金·凯瑞。

我觉得情感细腻的男性魅力十足。我很喜欢加拿大女歌手艾拉妮丝·莫莉塞特的作品《为易感的男人歌咏》（*In Praise of the Vulnerable Man*）。男性必须拥有细腻的一面，性格才会平衡。我不是说男性要过度女性化、抛弃阳刚之气，而是要坚强又细腻、有安全感、不怕示弱。这样的男性具备极高的 EQ（情商），不怕面对自己或他人的情绪，因此也是懂得照顾他人、风度翩翩的伴侣、朋友及领袖。

相较于男性的情形，西方文化比较能够允许女性共感人表达感受，以及她们的“女性直觉”，但我们的世界依旧不拥抱女性的力量。历史上，女性是被压迫的一群人。各位可以回想欧洲黑暗时期的异端裁判所，或是美国 17 世纪的塞勒姆女巫审判案（Salem）。我最初在团体中谈直觉时，也惧怕自己会受伤。然而，一旦我感受到史上被压迫的女性先知的集体能量，就发现今日是不一样的时代。在今日说出自己的看法安全许多，我不再感到不安。

许多来找我的女性病患和我一样，害怕被误解、批判、排挤，因此不愿坦承自己的敏感天赋。我们必须学着在人际关系中，坦承自己身为共感人的需求。此外，部分女性的共感能力可能导致“共依存症”。她们充满爱心，以至于被困在照顾他人的角色中，忙着照顾他人，却无力照顾自己。平衡的女性共感人懂得设立界限，保障自己的时间与精力。她们懂得付出，也得到别人的付出，那是一种强大的复合力量。女性的共感名人有演员妮可 · 基德曼、歌手珠儿（Jewel，她的歌《敏感》就是在谈共感人）、演员薇诺娜 · 瑞德、歌手艾拉妮丝 · 莫莉塞特、戴安娜王妃。

共感人也能过得好：避免过载的方法

本书将分享解决各种共感挑战的方法，增强共感天赋带来的众多好处。虽然这个社会认为共感人“太敏感”，要我们“坚强一点”，我则是鼓励共感人进一步培养自己的敏感天赋，但不能被敏感所控制。学会控制敏感后，共感可以是一种重要的能力。共感人没疯，没得虑病症，也不是神经兮兮、性格软弱。共感人拥有上天赐予的敏锐天赋，只不过每个共感人都得学着应用这项美好的天赋。

敏感人士必学的一件事，就是在一下子出现太多突如其来的刺激时，懂得处理感官超载的问题。感官超载会带来疲惫、焦虑、忧虑、生病。许多共感人认为自己的共感能力没有开关，但其实有。我将教各位如何控制自己的敏感度，避免成为敏感天赋的受害人。当你感到自己被保护、有安全感，整个世界都将是你的游乐场。

培养安全感的方法是留意哪些常见的因子会造成过度共感。一旦知道哪些事物会触发你，就有办法立刻采取行动，改善情境。

哪些因子会使共感人的超载症状雪上加霜？疲劳、疾病、匆忙、交通、人群、嘈杂的环境、“有毒”人士、低血糖、争论、过度工作、化学物质引发的过敏、过度的社交活动，以及感到被困在刺激太多的情境中，例如身处派对场合或交通工具内。任意几项因子凑在一起，都会加重共感人的感官超载情况，因此各位要记住这个公式：压力 + 低血糖 = 反应过度与疲惫。

哪些因子能减轻共感人的超载症状？当我感到感官超载时，我需要让每件事慢下来，暂时脱离所有情境。感受太强烈时，我会觉得自己有如一朵正在枯萎的花，此时我需要平静带来的养分。我常常得躲到没有声音或亮光的房间，借由睡眠或冥想，把自己调回低刺激的状态。感官超载的情形过于严重时，我需要独处一整天或一整个周末，不过在休息期间，我还是会在大自然中短暂散步，出门办点事。共感人常见的问题是把事情看成“全有或全无”。要不就忙得要命，要不就窝在家中这个避风港。我建议各位调和一下，找到平衡点，不要过度与世隔绝，让自己处于绝对孤独的状态。记得聆听直觉，找出适合自己的做法。每个人都必须找到满足个人独特需求的方式。

有一位感官超载的病患告诉我：“我只能够忍受一对一的人际互动，一群人对我来讲太多了。”另一位病患告诉我：“我会趁晚上大家都在睡觉、整个世界都在休息时，让自己减压。只要白天的熙熙攘攘平静下来，我就能放松与集中精神。”

此外，我也建议运用升起“能量防护罩”这项基本技巧，来预防共感超载的问题。防护罩是可以快速保护自己的方法。许多共感人借助防护罩，隔绝有毒的能量，但正面能量依旧可以自由流通。各位可以随时应用这项技巧。一旦感到某个人、某个地方、某个情境让自己不舒服，就升起防护罩。当你在机场、在派对上和“能量吸血鬼”说话，或是待在拥挤的候诊室，都能加以利用，让自己待在精力不会被吸走的安全保护罩内。

共感人自救法

共感防护罩的想象练习

请至少预留五分钟做这个练习。找一个让你心安的宁静空间，在不被打扰的状态下，松开身上的衣物，找到一个舒服的姿势，例如盘腿坐在地上，或是在椅子上坐正。一开始先做几次长长的深呼吸。吸气，好好感受气进入体内，接着吐气，把气完全放掉。用身体感受呼吸，感觉自己与神圣的生命力量“普拉纳”（prana）联结在一起。

放开所有念头，让念头有如飘浮在空中的云朵。回到呼吸，一遍又一遍，找到自己的核心，感受到核心的能量从脚趾跑遍全身，一直上升到头顶。专注于这个感受，继续凝神。

在这样的放松状态下，想象一道美丽的白光或粉红光防护罩，完全罩住你的身体。防护罩会向外延伸几厘米，隔绝负面、带来压力、有毒、侵入性的事物，你在防护罩的保护下，感到稳如泰山、幸福快乐、充满能量。防护罩隔绝掉负面的事物，但同一时间，你依旧感受到正面的美好事物。请让自己习惯有防护罩防身的感觉。每当你怀疑自己正吸进他人的负能量，就可以幻想这个防护罩。

最后，在心中对着这层保护罩说“谢谢”。深深地吸气、吐气，接着缓缓睁开眼睛，回到房间内的世界，百分之百回到自己的身体。

除了防护罩之外，共感人的日常自我照顾法，包括吃好的食物与减少压力，从事滋养身心的活动，包括安静的独处时间、与正面人士来往、待在大自然中、泡澡清除负面能量、冥想、运动，以及和“能量吸血鬼”划清界限。共感人需要定期将此类的自我照护融入生活之中。此外，我非常相信个人仪式与冥想的力量，例如以下的“接地”练习。

接地的力量

“接地”是一种与大地联结、稳定情绪的方法。地球能量是治愈压力的良药。接触地面让你通过脚与全身，接受大地之母的治疗。新兴科学指出，接地对健康有好处——据说地面的电子可以安定我们的神经系统。最理想的情况是打赤脚走在大自然里，踩在后院草坪上也可以。脚是特别适合用来释放压力的器官，因为人体的许多反射点与穴位都位于脚底，光脚走路与按摩脚掌可以活化这些穴位。你的脚是将大地的疗愈力传遍全身的绝佳通道。各位也可以整个身体平躺在地上，获得更完整的效果。我个人喜欢躺在海边凝望天空。

不过，如果无法待在大自然，也可以在家、在办公室，甚至在社交场合中做以下的想象练习。万一没有自己的私人空间，可以休息一下，坐在外面，或是到浴室待个几分钟（有好几年的时间，如果我需要从聚会中抽身一下、降低被刺激的程度，浴室向来是我的避难所）。做一做以下的想象练习，帮助自己减压，让心神归位。我自己每天至少做这个练习五分钟，也教病患练习。各位可以事先录下这个冥想练习与本书其他练习的指示，当你准备好冥想时播放，慢慢放松进入冥想状态。

共感人自救法

接地的想象练习

每当你感到超载、焦虑、恐惧，给自己一点降低刺激的安静时间。一个人单独充电可以帮助你减压。记得关掉计算机与手机，以舒服的方式坐着，深呼吸，放松身体。当压力消失不见，感受那份宁静与祥和。什么都不做，只要呼吸、放松。出现杂念时，让念头像云朵一样飘浮在空中，不要被牵着走，只专注于缓缓吸气与吐气。你感受到宁静，压力离开身体。

在这个宁静的内在空间，想象一棵大树，粗大的树干从你的头部到脚趾，一路沿着身体中线向下延伸。花几分钟感受这棵树的力量与活跃能量，接着想象树根从你的脚底长出来，一路深入土里，愈长愈深，愈长愈深，带来一股令人心安的踏实感。每当你感到焦虑或恐惧，专注于那些树根，将你稳稳扎于大地之上。以这种方式让自己扎根，可以提供内在的力量，在生活令人感到不堪负荷的时刻稳住你、保护你。缓缓张开眼睛时，记住那种接地的感受，回到外面的世界。每当你感到失衡，再次利用这样的接地想象稳住自己。

接地是让自己坚定的基本技巧。专注于自己的脚，不要想着你的恐惧或你受不了，快速稳住自己。脚底按摩也有奇效，可以让你抛开思绪，回到身体。记得定期做接地冥想，以及后文将分享的感官过载的舒缓练习。

身为共感人是一种福气

各位和我一起踏上这趟旅程时，要记住，你的存在、你的温柔、你对天地万物的喜爱，对你自己、对他人来说都是一份美好的礼物。你的直觉、善解人意，能够抚慰人心。我希望各位爱惜自己，欣赏自己的真诚，喜欢自己感知万事万物的能力。你要知道自己是一个很独特、很完美的人。当你看见真正的自己，就能成为一个完整而有深度的人，让共感成为一种美好的能力——那是最关键的。不是每个人都懂你，没关系。去找志同道合的人，他们会懂你，你也会懂他们，你们会感受到彼此间的美好联结。

* * *

我们正经历人类意识的演化过程，共感人就是开路人。敏感天赋带给我们神圣的责任，我们不能只是过着与世隔绝的生活，一定得学着不让自己过载，如此才能在世上发光发热。共感人与所有的敏感人士都是拓荒者，站在人类新世界的最前线。

各位是“S 世代”的一分子。S 指的是“敏感”（Sensitivity），所以 S 世代就是向同情心与慈爱致敬的人士。你们是他人的模范，有能力示范如何保持既敏锐又强大。

我等不及要协助各位掌握敏感的天赋，增进个人幸福，让世界更美好。我学会尊重自己的共感人身份之后，感到整个人更完整了；我希望各位也能爱惜自己的天赋。我期望这本书带给大家力量，有办法以前所未有的程度做自己。这趟旅程开始之前，请跟我一起宣誓。

共感人誓言

本人发誓将尊重自身的敏感天赋，在探索什么是共感人与拥抱个人天赋的旅程中，温柔地善待自己，每一天都珍惜自己。

2
停止吸收他人的负能量

共感人的身体与众不同，什么都感受得到。我们的身体什么都接收，会把身边的正负能量全吸进肌肉、组织与器官之中。好处是，我们能在心中感受到他人的活力、快乐与爱，因此身心舒畅。那是世上最好的药！然而，我们也感受得到他人身体的不舒服、压力与负面情绪，例如沮丧、愤怒、恐惧（即便没说出口也一样）。身边要是围绕着“有毒”的人、噪音、暴力、匆忙、吼叫，我们共感人很容易感到疲惫和不舒服。

共感人甚至会出现我所说的“共感疾病”，也就是我们会感受到别人身体不舒服的症状，仿佛生病的人是我们。我小时候只要坐公交车，情绪就会突然产生变化，感受到身旁乘客的焦虑与痛苦。如果我上大型杂货店，进去时心情很好，出来时却精疲力竭，身上某个地方开始疼痛。我当时不晓得，问题出在身旁的刺激太多。一排排的食物货架带来令人昏头昏脑的选择，日光灯令我晕头转向，大量排队的人潮压垮我。我日后终于明白，某些情境会带给共感人特别大的压力，而我和我的病患一样，他人的情绪与症状会残留在我们体内。

共感人的基本生存法则是学习停止吸收他人的情绪与痛苦，在充斥过度刺激、对共感人不大友善的环境中找到稳住自己的方式。本章将教大家可以如何做。一旦懂得应用基本的自保方法，就更容易在这个世界前进，改善个人的身心健康。

向主流医学求助的局限

传统的健康照护不太有办法可以帮上心思细腻者的忙。共感人经常被误诊为“虑病症”或“神经过敏”。当你心灵脆弱、需要协助，却被说成是疑神疑鬼，那是令人相当沮丧的一件事。另一种可能是你被转诊给精神科医生，拿到百忧解等抗忧郁处方药，或是安定、赞安诺等抗焦虑药物。虽然相关药物经常是传统西医治疗忧郁与焦虑的标准生物化学疗法，但我不建议使用相关药物来治疗共感超载。

此外，主流医学可能把共感人诊断为“感觉统合失调”。“感觉统合失调”是一种无法处理感官刺激的疾病，患者被视为对人群、光线、声音、触摸“异常”敏感。我相当反对医生给高敏感人士贴上“感觉统合失调”的标签；高敏感其实是一种本身会带来特定挑战的天赋。医学太常把不一样、自己不明白的事，当成疾病看待。共感人具备的特质存在于人类体验的正常光谱上，他们属于人类之中美好而独特的一分子。

传统西医的问题，在于缺乏纳入“身体精微能量系统”的范例。数千年来，能量的概念在许多文化的治疗传统中都很重要，包括传统中医。什么是“精微能量”？精微能量是体内一种重要的生命力，可以延伸到身体方圆一英尺之处。各位可以把它想成宗教艺术作品中的光环，那种从头顶散发出来的美丽白光，也就是能量体的展现。传统中医会调和病患体内所谓“气”的精微能量，传统西医在诊疗病患时，则没有这样的参照点——各位一定要了解西医有着这样的限制。共感人对于能量极度敏感。我的使命是教育健康照护的从业人员，让他们重新认识适合共感人士的疗法，让共感人得到应有的医疗照顾与理解。

我替病患进行心理治疗时，同时结合传统西医与能量医疗、直觉与性灵。病患找我咨询时，我除了会运用理智倾听，也用直觉与共感能力，因此可以得到额外的信息，省下大量时间，一下子就能理解病患。我为了让共感病患获得力量，教他们聆听内在的声音，和吸走精力的人划清界限，使他们的敏锐心灵成为力量、爱、活力的泉源，而非造成身心不适的一种“疾病”。

改善自身健康：你是身体共感人还是情绪共感人？

共感人一定要特别照顾自己的健康，让自己处于最佳能量状态。第一步是判断自己属于“身体共感人”还是“情绪共感人”，有的人两者皆是。弄清楚自己属于哪一种共感人后，就清楚自己的敏感天性会如何显现出来，进而训练耐力，保护自己，不再损耗精力。

身体共感人的身体会感受到他人的症状。例如，朋友抱怨胃不舒服，突然间共感人的胃也开始不舒服。又或者是同事偏头痛发作，共感人的头也开始抽痛。身体共感人的好处是别人幸福时，他们也能感受到幸福。一名病患告诉我，她的另一半是共感人，她上瑜伽课时，她的丈夫即使人在城市另一头，也会跟着感受到身体放松下来。一人练瑜伽，两人受惠！

情绪共感人主要则是接收他人情绪。他们看电影时，旁边坐的人如果心情低落，就算看的是喜剧，共感人走出电影院后也会感到沮丧。这是怎么回事？观影时，邻座的能量场与共感人的能量场重叠。共感人越靠近一个人，就越容易受到那个人的情绪与症状影响。麻烦的是，情绪共感人通常不晓得哪些是自己的情绪、哪些是别人的情绪，不自觉地为了他人的情绪心烦意乱，也不清楚该如何调整自己的情绪。一名病患告诉我："我身旁如果有极度负面或愤怒的人，我得花上整整一天的时间，才有办法恢复精神。"

这种问题其实有办法解决。我的另一名患者泰瑞后来才恍然大悟，自己从小到大一直在吸收母亲的焦虑。共感人温柔宽厚，时常无意间承担所爱之人的情绪。不过，在泰瑞发现自己和母亲之间的情绪关联后，我便可以教她设下界限，想象剪断能量索，切断自己和母亲的焦虑联结。泰瑞因此得以维持健康的界限，又能继续当孝顺的好女儿。

身体共感人与情绪共感人接受训练后，他们的直觉可以用于医疗方面，靠共感能力感受他人的症状，诊断他人的疾病。不过，为了保护共感人自身的健康，他们必须善于释放自己吸收到的病气。

所有共感人的目标都是学习停止吸收负能量，让自己活得更自在。我们天生的直觉是抚慰他人的痛苦，但是那对我们自己来讲并不健康。我已经学会在协助病患与工作坊参加者的同时，避免承接他们的不舒服。由于我经常举办座谈会，每一次在数百人面前讲话，我一定要稳住自己、保护自己，才有办法从事我喜爱的教学活动，不被过度的刺激弄到精疲力竭。本书将随时分享我在日常生活中实践的有效方法，教大家一起当个平衡的共感人。

身体共感人与情绪共感人的自我评估

为了保持健康，一定要判断自己是身体共感人还是情绪共感人。各位和我一样，甚至可能两者皆是。进一步了解自己属于哪种共感人后，就会清楚该如何照顾自己。请做以下两种自我评估，找出自己属于哪一类共感人。

自我评估

我是身体共感人还是情绪共感人?

我是身体共感人吗?

问一问自己以下的问题:

- 我是否曾经坐在身体有病痛的人旁边，接着自己也开始感到不舒服?
- 当我身处人群中，是否感到身体不适?

- 我是否被人说有虑病症，但我很清楚自己到底出现了哪些症状?
- 面对别人的压力，我自己的身体是否出现生理症状?
- 我是否感到自己在某些人身边很有活力，在某些人身边则很疲惫?
- 我是否常常看过医生后得不到有效的治疗?
- 我是否有慢性疲劳，或是出现神秘无解的病痛?
- 人多是否让我感到疲惫，比较喜欢待在家里?
- 我的身体是否对糖、酒精、加工食品敏感?

我是情绪共感人吗?

问一问自己以下的问题：

- 我是否会接收他人的情绪，如焦虑、愤怒、沮丧?
- 发生争执或冲突后，我是否会有“情绪宿醉”的问题?
- 我在人群之中是否感到沮丧或焦虑?
- 我是否想要让别人好起来，让他们不再有压力?
- 我是否能够通过直觉就知道他人的感受，即使他们未说出口?
- 我是否不太会分辨哪些情绪是别人的、哪些情绪是自己的?
- 我是否都在照顾别人，忽略自己的需求?
- 碰到难缠的人士或情绪压力时，我是否反应过度?
- 我是否会在吃下糖分、碳水化合物或其他特定食物后，情绪产生极大的变化?

得分代表的含义：

- 回答一至两个“是”，代表你是轻微的身体共感人或情绪共感人。
- 三到四个“是”，代表你是中度的身体共感人或情绪共感人。
- 五个以上的“是”，代表你绝对是身体共感人或情绪共感人。

找出自己属于身体共感人还是情绪共感人（或两者皆是）是很重要的自我认识。有了答案后，就知道如何面对这个世界。你没有疯，也没得虑病症。你是一个敏锐的人，具备一种必须加以开发、小心运用的天赋。

共感疾病

“共感疾病”一词，指的是别人生病，你也跟着出现症状。没错，你有可能接收他人的症状！共感症状感觉像是你自己生病而出现的症状，但其实不是——这是一种很难分辨的情况。举例来说，我的病患艾丽西亚在妹妹哮喘发作时，也会跟着喘不过气，但她其实没有哮喘。另一名病患布莱恩也一样，他因为对太太有很强的同理心，太太关节炎发作时，他的手也会跟着痛。某些病痛纯粹是共感疾病。

不过，更常发生的状况是共感人接收别人的“不舒服”后，自己原有的症状加重。严重的情形下，共感疾病可能造成一个人长期生病，足不出户，因为社交焦虑，什么都不能做。共感人很容易出现社交焦虑，他们受不了团体中一堆人同时发送的口头与非口头信号；此外，共感人对他人的排斥很敏感。共感人因为感受到这个世界的种种压力而精疲力竭，动弹不得。由于传统西医不相信人体存在精微能量系统，多数医生无从了解共感人发生了什么事，也不清楚如何减轻他们的痛苦。

许多来找我的病患，患有以下常见的共感疾病：

- 肾上腺疲劳
- 自体免疫疾病，如桥本氏甲状腺炎、肠道炎症
- 恐旷症（害怕出门）
- 各式恐惧症（如恐惧人群、开车、大型体育场的活动）
- 慢性忧郁
- 慢性疲劳
- 纤维肌痛

- 疼痛
- 恐慌发作与社交焦虑

我在二十多年前，首次以心理治疗师的身份治疗共感人。当时我不知该如何协助他们处理症状，也还在学着处理自己的症状。然而，仔细研究病史后，我发现那些病患都有亲朋好友或同事正在受苦，不知不觉中，他们吸收了对方的情绪与症状。我懂那是怎么一回事，因为我自己也一样！有的共感人还会因大自然的变化引发强烈的反应。我有一个病患是下大雷雨时，背痛就会加剧。有的共感人则会出现“季节性情绪失调”（亦称“冬季忧郁症”），也就是白日较短、光线较昏暗的冬天会出现的忧郁症。此外，许多共感人在满月时比平日更焦躁不安，新月时则感到宁静。

在我了解了共感人高度敏感，却无力调节自己的敏感度之后，开始大幅更改自己治疗共感病患的方法。我的工作变成教导共感人稳住自己，借由设下健康界限来保护自己。正确的共感疾病疗法，其实是训练敏感人士停止接收他人的能量与压力，而不是用药物治疗他们的症状。当敏感人士不再吸收负能量，就不必再对抗疲惫与无力感，整个人会跟着神清气爽起来。

共感人与药物治疗

有的医生治疗共感人时，会直接开抗忧郁药物与抗焦虑药物，不过我尽量避免一开始就让敏感人士服用药物。有时病患只需要多善待自己一点，做一点小小的调整，就有办法让生活轻松许多。以珍的例子来讲，她来找我，是因为开车上洛杉矶的高速公路让她极度焦虑。多线道的车流、不断呼啸而过的双向大卡车，使她精神无法承受，头晕目眩。许多共感人都讨厌高速公路，我也不例外。高速流动的车流、心情烦躁的驾驶，对许多共感人来说难以招架。我也多年没开车上高速公路了！

珍在开车前会做深呼吸练习，也从短程的高速公路开始试驾，努力让自己习惯，但那些策略都没奏效。医生建议珍服用抗焦虑药物，但她对那种药物存有疑虑。我告诉珍另一种简单的方法。与其逼疯自己，一直试图“克服”开车的焦虑，不如允许自己在可行的时候，不要上高速公路，改成绕一绕城市美丽的大街小巷——我自己就是这么做的。这个方法让珍大大松了一口气。她只需要多给自己一点通勤时间就够了。此外，我也鼓励她别再逼自己“和别人一样”。许多敏感人士就是犯了这种错。共感人通常拥有必须顾及的特殊需求，有那些需求并无大碍。想办法善待自己，不代表我们就是失败者，也不代表我们在逃避。用温柔一点、简单一点的办法来解决问题，就能轻松解除焦虑，不必寻求药物治疗。

不过，共感人万一由于创伤或压力的缘故，长期精神衰弱，很可能需要服用治疗忧郁与焦虑的药物，重新平衡体内的生物化学环境。我主要都是开短期的药物。我发现许多共感人只需要比别人低许多的剂量，就能得到正面效果，少量的抗忧郁药物就会在我的高敏感病患身上产生良好的作用。主流医师会嗤之以鼻，认为那不过是安慰剂效应，但我不这么认为。共感人对一切事物都比一般人来得敏感，包括药物。我们通常承受不了传统医学认定的有效剂量。各位如果是需要药物治疗的共感人，我建议找懂精微能量的整合型健康照护师，他们有办法找出最适合你的剂量。

共感与肾上腺疲劳

肾上腺疲劳是共感人经常出现的健康问题，有的病患因为出现一连串相关的综合征来找我，包括疲惫、身体酸痛、焦虑、思绪不清、失眠。原因何在？有一个理论是肾上腺应付不了接连出现的压力，造成荷尔蒙不足，比如一般会带来活力的皮质醇。共感人由于还会接收他人的症状，压力倍增，更容易出现肾上腺疲劳。

以下是几种治疗肾上腺疲劳的方法，可以解除症状，恢复精力。但别忘了，这些方法并非用一次就能治百病的灵丹妙药。共感人如果要克服肾上腺疲劳，基本的生活习惯与饮食也要跟着改变，长期坚持才能以有效的方式调配精力。除了接下来的几个诀窍，本书也会不断提醒读者各种减压策略。

共感人自救法

舒缓肾上腺疲劳的小诀窍

- 天然健康饮食：不吃加工食品与垃圾食物、麸质、糖、白面粉（本书第三章有更详尽的解释）。
- 饮食中添加喜马拉雅红盐：少吃低质量的盐（血压高的读者，一定要先请教医生自己能摄取多少盐）。
- 运动：从事温和的运动，做伸展操，培养耐力，储备精力。
- 冥想：冥想可以增加人体内的内啡肽。内啡肽是一种天然止痛剂，可以减少压力荷尔蒙。
- 验血找出自己的皮质醇浓度：如果皮质醇过低，可以考虑请医生推荐暂时性的天然皮质醇替代品。

- 多多休息：睡眠可以恢复体力，修复身体。

- 每天补充一定量维生素B。

- 在急性期，摄取大量维生素C，以增强你的体力与免疫力，维持肾上腺健康。家庭医生通常会提供这种疗法。我感冒时会用这个方法增强免疫力。

- 赶跑生活中的“能量吸血鬼”：尽量远离“有毒”人士，至少要设下清楚的界限，不让他们有机会吸光你的精力（本书第五章会进一步讨论）。

此外，请记得善待自己，保持正面的心态。尽量想着健康，不要老想着疾病。别用负面想法打击自己，例如“我永远不会好了”或是“我很虚弱，我很不舒服”。怀着不论生活中发生什么事，你永远都可以掌控自己的态度。减少肾上腺疲劳的方法，就是善待自己，减少内在的压力。

共感人与运动

定期运动是共感人的救命符，因为运动可以逼出体内的压力与负能量。久坐不动的生活状态会让体内能量停滞，各类毒素趁机累积。感到压力越来越大的时候，去散散步，去健身房，上瑜伽课，或是做做伸展也好。强度大的运动可以净化身体，不过温和的运动也不错。动一动可以让我们保持灵活，肌肉就不会紧绷，负能量也不会留在体内。运动会让时光倒流，使我们青春永驻，活力十足。

共感人保护自己的方法：对抗负能量十四招

病患经常问我："怎么样才能分辨一些情绪或症状，究竟是自己的，还是别人的？如果是别人的，怎么赶跑它们？"这个问题的答案是让各位快乐有活力的关键。

各位如果感到自己正在吸收他人的压力或症状，需要释放那些负能量，可以试试以下几个基本方法。我自己平日不仅会使用这些秘诀，也传授给病患与工作坊参加者。你可以实验一下，找出最适合自己的方法。

第一招：问自己"这个症状或情绪是我的，还是别人的？"

如果想知道自己是否正在吸收他人的能量，一个方法是留意你靠近某个人的时候，是否突然感到情绪起伏，或是身体瞬间产生变化。如果你先前并未感到焦虑、沮丧、疲惫、恶心，那么你此刻感受到的不舒服，大概至少有部分来自他人。如果远离这个人之后，不舒服的情况就消失了，那么你刚才感受到的东西大概不是你的！

不过，有时你感受到的情绪或症状，有可能同时来自他人与自己。情绪会传染，尤其是碰上你的情绪地雷时。举例来说，如果你长期埋怨自己的父亲，别人在气他们的父亲时，你也会吸收他们的愤怒。你如果害怕自己会得慢性病，你将特别容易吸收慢性病患者的症状。共感人有自己尚未排解的心结时，会特别容易吸收到别人情绪上或肉体上的痛苦。你越是有办法解决自身的问题，就越不容易吸收他人的症状。你依旧可能感受到那些事，但受到的影响不至于那么深，被吸走的精力也会减少。

第二招：呼吸，念口诀

负能量来袭时，立刻专注于呼吸几分钟。慢慢深呼吸，吐气，排掉令人不舒服的能量。呼吸可以借循环代谢掉体内的负能量。屏息及浅呼吸则使负能量滞留体内。我建议深呼吸时，以坚决的语气，大声说三遍以下这个口诀：

“回你主人那去。回你主人那去。回你主人那去。”

声音的力量可以命令你体内的不舒服离开，而呼吸是把不舒服送回宇宙的方法。

此外，念口诀时，可以专注于把负能量排出腰椎，也就是背部的下方。腰椎之间的空间，是清除吸收到的症状的管道。想象不舒服的感觉出现在脊椎的地方，大声说："我释放你！"不健康的气就会离开你的身体，融进巨大的生命能量母体。

第三招：远离干扰你的人、事、物

如果你怀疑某个人、事、物令你不舒服，至少拉开 6 米的距离，看看情况是否好转。不用担心这么做会冒犯陌生人。不论你人在诊室、电影院还是其他公共场所，不要迟疑，立刻换位子。在餐厅时，如果隔壁桌很吵，没必要坐在原地忍受不舒服，你有权换到安静一点的位子。我就是以这样的方式照顾自己。你可以友善地对某些能量说"不"。允许自己换位子便是在照顾自己。

一位共感朋友向我描述他参加嘈杂的毕业派对的情形："因为噪音太大、人太挤，我得暂时离开。晚餐还没开始，但我的耳朵已经嗡嗡作响，神经紧张，因此我在车上坐了一小时。派对上的人在享用晚餐及跳舞时，我在读诗集。我告诉朋友，我得远离一下喘口气，他们能够谅解。最后朋友在派对上玩得很开心，而我在回去加入他们之前，先给自己一段安静的时光稳定下来。”

共感人通常受不了社交情境。碰上这种情形，记得让自己喘口气。休息过后如果还想回去，心情也会比较平静。

第四招：减少身体接触；自行选择是否要拥抱

能量会经由视线与触摸转移。如果某个人令你感到不舒服，那就减少与那个人的眼神或肢体接触，包括拥抱和握手。你爱的人难过时，抱一抱对方，对你们两个人都有好处，但如果你担心吸收到他们的压力，简单抱一下就好，即使隔着一段距离，还是可以传送你的爱意。

许多了解能量的治疗师都会尊重第一次见面的人，询问他们：“可以抱抱你吗？”各位也可以这样询问别人的意愿。而别人这样问你时，你可以和善地拒绝。我不想和某个人分享能量时，有时会告诉他们：“我不喜欢拥抱。”如果你和某个人不是很熟，也可以选择“虚抱”就好，拍拍对方的背。等你对两人的关系更有安全感，可以改成真正的拥抱，享受拥抱的美好滋味。记住，你永远可以选择自己想要什么样的肢体接触。

第五招：水可以排毒

快速解除压力与共感痛苦的方法，就是把自己泡在水里。共感人喜欢水！泡泻盐浴（硫酸镁，又称“浴盐”“爱普森盐”“镁盐”）很舒服，能提供可安定神经的镁。在忙碌的一天过后，浴缸是我的避难所。泡在水里可以洗去一切，包括公交车废气、长途飞行的疲惫、从他人身上吸收到的恼人症状等。各位也可以在浴缸中加一点薰衣草精油，在漫长的一天之后，那是最具舒缓功效的良方。共感人的完美假期是泡天然矿泉，洗去一身的烦恼。

第六招：设界限

界限一定得设，不设不行：想要健康活着，就得设下自己与他人的界限。如果有人耗损你的精力，切勿让他们得逞。你要花多少时间听那个人讲话，由你来掌控。“不要”就是不要。没关系的，你可以说出你的需求、你的偏好，譬如“很抱歉，但我今晚有事”、“等你冷静一点，我们再来讨论这件事，我受不了大吼大叫”、“我需要冥想，现在请安静”、“除非你想讨论解决的方法，否则我只能给你几分钟”。有时候，改变与认识的人的沟通模式，是一种重新训练的过程，然而，坚持和善但坚定的界限可以保护自己，远离“能量吸血鬼”。

第七招：想象剪断你和他人之间的光索

如果你感到自己和某个人不愉悦的身心状态连得太紧，想象你的腹部延伸出一条光索，另一头接在对方的腹部，接着温柔地想着剪断那条光索。你无意完全斩断你和那个人所有的联结，你只是要拒绝他们身上不好的能量。接下来，想象你拿着一把剪刀，剪断那条连接你跟对方身上负能量的绳索。先前我提到的患者泰瑞，我教她以这样的方式隔离她母亲的焦虑，但又维持住母女情分。

第八招：给自己独处时间，重振精力

共感人需要独处的时间，重新找回自己的力量。如果吸收了不好的能量，一定要找出时间独处，重新找回自我。花个几分钟或更长的时间，让一切安静下来，不要有噪音、亮光、电话、短信、电子邮件、网络、电视、谈话声。在身旁没人时感受自己的能量至关重要，做自己最好的朋友可以滋养自己。此外，减少外在刺激，更能清除负能量。我为了对抗从别人身上吸收到的所有压力，会让自己非常安静，往内探求，与自己的能量、自己的心联结。我是自身的主宰时，其他人的不舒服不会附在我身上。

第九招：让自己身处大自然，练习接地

共感人热爱大自然，身处大自然就像回到家一般。待在空气新鲜、干净、绿意盎然的环境里，或是待在水边，都可以去除负能量。各位可以平躺在草地上，让全身吸收大地的能量，沐浴在美好的感受之中！前文提过，“接地”的意思是赤脚，通过脚感受大地的力量。光是用没有鞋袜包裹的脚趾碰一碰青草，或是走在沙地或土壤上，就能卸下别人的能量，感受大地的滋养从脚底冒出来稳住你。那是一种美好的体验。我喜欢光着脚——除非是天冷或人不在家，我从来不喜欢穿鞋。

我强烈感受到一年至少一次，只身一人远离这个世界的需求。我会事先计划好休假，在大自然或宁静的地方释放压力，重新调整自己的身体。每年，我会在加州大索尔美丽的红杉林与海洋旁的依莎兰学院，替敏感人士举办一次周末休憩之旅。参加者可以在那里慢下生活步调，聆听直觉，与自己的心灵深深地联结。此外，我每年会安排几次一个人到大自然里休息，过不插电的生活，恢复体内能量。

第十招：晚上给自己充足的睡眠，白天也小睡片刻

睡眠可以修复共感人的身心，稳定神经系统。共感人疲累时，特别容易吸收压力与症状，也因此一定要睡饱。为了好好照顾自己，一定不能牺牲睡眠时间，每天晚上让自己有机会恢复体力。压力特别大的时候，多睡一会，白天也找机会来点短暂的小睡。睡眠是最好的良药。以我个人而言，如果要处于最佳状况，每晚至少要睡八小时。

睡前记得给自己一段宁静的时间，回想一天当中发生的事，或是做一做冥想。不要用网络，不要看社群媒体，不要看账单，不要有激烈的谈话，不要听新闻，也不要看有暴力画面的电视节目（有人认为卧室只能用来休息、睡觉、做爱，不可摆电视机）。安抚人心的环境可以减少刺激，你会睡得更好，进入梦中另一个国度。缓缓进入梦乡，对共感人的健康尤其重要。慢慢醒来也比较理想，不要一下子就跳下床。早晨的时候，给自己时间回想梦境，让床成为治愈你的殿堂。一位共感人开过玩笑："我喜爱床的程度，远胜过我对大多数人的喜爱。"我懂那种感觉。我也喜欢我的睡梦时间。如果睡得不够、梦得不够，就会全身不舒服，更容易吸收他人的压力。

第十一招：偶尔“断线”一下

共感人需要定期远离科技产品，科技产品带来太多信息，令人无法负担。网络媒体（如脸书、即时通信软件、令人沮丧的新闻）会触发情绪，让我们难以入眠。我们很容易吸取虚拟世界的能量，所以一定要接触大自然、冥想、从事网络世界以外能恢复精神的活动。偶尔戒用一下科技产品，可以大幅增加幸福感。

第十二招：旅途中的清净妙方

不论是出差或旅行，外出的压力将使我们暴露在日常生活中不常出现的负能量里。机场、拥挤的机舱或火车、旅馆、陌生人都是挑战。以下几点建议可让旅途更舒适，你也不至于被拥挤的人群与封闭的空间击败。

在机场与飞机上静心的方法

机场对共感人来讲是一大挑战。机场往往嘈杂、拥挤、匆忙，各式压力能量四处流窜，共感人很容易感到精神无法负荷。对抗这种混乱的方法，就是专心待在你个人的能量场之中。不要留意身边行色匆匆的人们，专注于心的能量，安抚自己。候机时，我通常会把皮包、报纸放在隔壁的座位，隔出个人的空间。如果有人想坐那个位子，而那人的能量又让我感到不舒服，我会收拾东西离开，不需要找理由。我以和善的态度换位子，不会愤愤不平。

待在飞机上也会带来感官超载。密密麻麻的人群挤在一个密闭空间里，会使共感人感到焦虑，无处可逃。以下是几个让你撑过航程的小诀窍：

- 把行李托运，让自己不必抢机舱内上方的置物柜。
- 选择靠近走道的座位，随时可以轻松起身，躲进厕所。
- 不要和一大群人一起挤着上飞机，等其他乘客登机后，再轻松走向自己的座位。
- 携带保暖衣物，空调可能太冷。
- 带水在身上，随时补充水分。
- 脖子上配挂可释放负离子的空气清净机，净化飞机上不新鲜的循环空气。
- 利用耳机避开讨厌的噪音，享受音乐，或是聆听可提振精神的有声书。
- 避免进行累人的交谈。陌生人喜欢向共感人述说自己的人生故事。除非你真的想和某个人聊天，不然你可以让自己散发“请勿打扰”的能量场。
- 靠冥想集中精神。

- 万一碰上乱流，不要想着自己有多恐惧，把注意力放在双脚上，稳住自己。别忘了，脚上有许多可以稳住身心的反射点与针灸经络，即便你在三万英尺的高空也一样。光是专注于自己的脚，就能把焦虑从头部转移到脚上，自然而然排掉焦虑的能量。

如何在饭店房间稳住自己

我建议喷洒玫瑰水或薰衣草精油（也可以两个都喷），净化空气，清除上一位饭店房客遗留的能量。此外，我还会做“三分钟心的冥想”，排掉负能量。过去很多年，我经常不断地更换饭店房间，找出能量最好的一间，但道场（Daoist）老师告诉我，更好的方法是就待在饭店人员安排的房间，自己想办法净化能量。

旅途中记得要补充水分，规律进食，吃含蛋白质的餐点，稳定自己的身心。共感人只要三餐不正常、摄取过多糖分、休息不够，就很容易身心大乱，抵抗力下降，吸进不好的能量。如果吸进他人的压力，试着呼出来。感到刺激过多或疲惫时，找地方冥想，集中心神。做好种种准备后，就比较能放松心情，在冒险的旅途中遇到更多乐趣。尽情体验新文化、新地方，开心享受身为共感人的好处！

第十三招："三分钟心的冥想"

对抗身心不舒服的方法，就是立刻离开身旁的"有毒"情境，冥想一下，三分钟就够了。在家里、工作地点、公园长凳上或派对浴室里，都可以冥想。

共感人自救法

三分钟心的冥想

闭上眼睛，做几次深呼吸，放松。将手掌放在胸口。专心想着自己喜爱的美丽景象，如日落、玫瑰、海洋、孩童的脸庞，感受爱在心中与体内涌现，让这股爱意安抚自己。你被爱净化之后，负能量就会离开。三分钟就够了，冥想内心的慈悲，感受压力被那股能量清除。一天之中，随时都可以靠着这样的三分钟冥想滋养自己。

各位也可以把这样的慈爱，送进身体的特定区域，例如我最弱的地方是肚子。我感到吸进别人的症状时，我会把手摆在腹部，把慈爱送进去，化解不适。各位最敏感的地方是哪里？你的脖子？你有膀胱感染的问题吗？头痛？把慈爱送进这些部位，将负能量清除，不再滞留。

有时冥想自己的幸福不容易，冥想他人的幸福却比较容易（同样可以打开你的心门）。如果各位也是这样，那就冥想他人的幸福。

请经常回到你的心，心是无条件的爱的所在地。碰上压力时，把手放在心上，感受温暖、包容与爱。你是被保护的，你是被爱的，你很安全。

第十四招：充分活在自己的身体里

共感人充分活在自己的身体里时，是最受保护的时刻。请和自己的身体养成充满爱的关系，不要恐惧身体、憎恨身体，或是活得像是一颗没有身体的头。共感人需要活在自己的身体里，才能挡掉不好的能量。请把身体当成朋友，而不是敌人。接下来的冥想练习，可以协助你完整住在身体里，使你活在当下，享受喜乐。

共感人自救法

利用冥想，爱惜你的共感身体

找时间独自待在一处美丽的空间。不要强迫心安定下来，而是转换频道。做几次深呼吸，感受每一次的吸气与吐气，让自己慢下来，好好将注意力专注于自己的身体。让所有的负面念头流过，回到你的呼吸，感受气把你带进更深层的自我，让你的能量深深进入身体、细胞及器官。

将注意力集中到你的脚趾，动一动脚趾，留意脚被唤醒的美好感受。接下来，将注意力集中到你的脚踝，持续吸气、吐气，把注意力移到小腿，再移到膝盖，接着一路向上，将注意力集中到你强而有力的大腿，感受到大腿的坚定。在心中感谢大腿撑住你。接下来，将注意力集中到你的生殖器与骨盆区。许多女性感到那一块相当紧绷，你可以在心中说："我知道你的重要性，我再也不会背弃你，我将学习认识你、爱你，你是我的一部分。"

现在，将注意力集中到你的肚子。你是否把紧绷、烧灼感，或其他不舒服的感觉压在那里？腹部是我们处理情绪的地方，以正念专注于此可以抚慰这个区域。好了，现在将注意力集中到你的胸部。让这块区域成为你的朋友，把爱送给自己，感受到一股正面能量流过你的心。时常回到这里，感受到滋养的能量。接下来，以同样的方式将注意力集中到肩膀、手臂、手腕、美好的双手。动一动，感觉一下每根手指。

接下来，把注意力集中在颈部、喉部。留意此处是否有任何紧绷感造成你无法表达自己。把爱送至这一区域。

再来是将注意力集中到头部，感受自己美好的脸庞、耳朵、嘴巴、眼睛、鼻子，以及眉心。这是直觉的所在。最后将注意力集中到自己的头顶，感受这里散发的灵感。

准备好结束冥想时，在心中对着身体出现的感受说声“谢谢”，告诉自己：“我已经完全准备好当身心合一的共感人。”深呼吸数次，缓缓地、轻轻地睁开双眼，完全回到周遭的环境，以更胜以往的方式觉察自己的身体。

各位可以在各式情境中，运用以上十四招。经常使用，身体就不会累积压力与痛苦。持之以恒，可以感受极大的好处，保护敏锐的天赋。熟能生巧，以上方法可以强化你的健康身体，你将感到更有活力。发现自己接收到别人的痛苦或情绪时，不要紧张，这种事常有。虽然你努力排掉负能量，外在能量依旧会偷跑进来，但只要运用以上我分享的方法，不论碰上哪一种带来压力的情境，你都能立刻照顾自己。

*　*　*

身心之间的联结，深深影响着我们的健康。记住，我们的想法具备强大的力量，负面的念头会导致压力荷尔蒙上升，加速老化，降低免疫力，增加焦虑，会让血压随之上升，引发心脏疾病。正面的念头刚好相反，可以增加体内的内啡肽，而内啡肽是身体的自然止痛剂与幸福荷尔蒙，促进健康，镇定心神。因此，我们应该练习正向的自我对话。也要记得爱惜自己，尤其是生病、压力大、情绪低落的时刻。每天都告诉自己："我有权健康快乐"、"活着总是有希望"。用正面的念头取代负面的念头就能活得更幸福。

请尽最大的努力放松身心，随遇而安，不论身处顺境或逆境都一样。让自己紧绷只会让自己多受苦。我告诉病患："如果你身处地狱，那就放松吧，放松至少能让你少受一点苦。"要是你人在天堂（这样的时刻会越来越多），那就利用自己的共感能力，好好享受每一分钟。

共感人誓言

我强大，充满慈悲，正面处事，有能力排除体内所有的负能量与压力。我努力使自己身心灵都健康。

3

挣脱束缚，不必羞愧

共感人经常靠酒精、药物、性爱、吃东西、赌博、购物或其他嗜好解决过度刺激带来的不适感。为什么共感人这么容易出现这类行为？因为我们高度敏感，觉得承受不了，“刺激太多了”。自己的痛苦太多，来自他人的痛苦也太多。我们不清楚该如何处理感官超载的问题，于是麻痹自己，想要关掉念头与感受，弱化感同身受的能力——然而不是每个人都能意识到自己的这层动机。

研究已经指出，泰诺等止痛剂会减少同理心，或许这是共感人的潜意识想要大量服用止痛剂的缘故。我治疗过的许多成瘾病患都是共感人，共感能力或许解释了敏感人士为什么会想碰“止痛剂”，包括酒精、成药、处方药等。

我在举办工作坊和看诊时都曾遇到过有成瘾问题的共

感人，他们需要学着稳定并保护自己，而不是以不健康的方式自我治疗。有一位女士告诉我：“有好多年的时间，我靠喝酒埋藏心中的感受。我爱看牛仔竞赛，但一定要喝了酒才有办法看，因为身处人群之中令我不舒服。不过我一旦学会了保护自己便感到安全，不必喝酒也能享受乐趣。”有一位男士也一样，出远门时会喝很多酒，一旦学会保护自己，他便发现：“我没必要让每个人的能量削弱我，也不必为了撑下去在机场酒吧喝酒。”尽管有的成瘾与基因、环境相关（例如被酗酒的父母带大），但身为共感人才是成瘾的重大原因。

靠成瘾来处理敏感的天性，将付出很大的代价。当我们试图适应这个带来过度刺激的世界时，身心灵都被削弱，导致疾病、忧郁、焦虑加重。成瘾顶多只能短期解决感官超载的问题，久了就会失效，承受不了的感觉反而会加重。

本章将教各位以健康的方式取代成瘾。你需要留意哪些东西会触发你的瘾头，还要下定决心使用本章提出的方法，才不会在压力一来就忍不住去碰自己上瘾的东西。不论你是每隔一段时间或是经常出现成瘾行为，你的目标是战胜那个胆小、恐惧、上瘾的自我，赋予自己力量，当一个强大的高敏感人士。

换不同的策略与方法治疗自己

共感人需要成瘾以外的自我疗法。美国的“十二步骤疗程”是协助人们远离成瘾物质、保持清醒的重要方法。有近三十年的时间，我都是“十二步骤疗程”的成员，我个人的共感人应对技巧，以及我的教学，也因此受到影响。我在个人第一本著作《神奇的第二视觉》提过，我在少女时期因为出现共感人的预感而惊慌失措；此外，我从他人身上感染到的能量让我难以负荷。我为了不再感应到那些东西，开始重度嗑药、酗酒。由于我是内向的共感人，便滥用药物来减缓焦虑，让自己有办法和朋友社交、参加派对，不再感到格格不入。我当时不懂如何运用其他方法处理超过自身负荷的共感力、直觉与不安，全靠外在的东西关掉感受能力。我和许多共感人一样，不知道自己发生了什么事。有了药物和酒精带来的缓冲后，我终于有办法和朋友一起处在人群中，不再吸进他人的能量。这让我松了一口气，觉得自己像个正常人。

当然，酗酒和药物上瘾不是解决问题的方法。幸好在我走上自毁人生的道路、不知道该如何自救时，得到了正确的引导。在我发生本书第一章提过的恐怖车祸后，我的父母怕女儿会寻短见，强迫我去看精神科医生。医生告诉我，把自我的所有面相整合起来很重要，包括理智的那一面、情绪的那一面、身体的那一面、共感的那一面、直觉的那一面，还有灵性的那一面。就这样，我踏上了共感人的痊愈之旅。我在"十二步骤疗程"中学到了基本的方法。

自我评估与十二步骤疗程

虽然不是所有酗酒或成瘾者都会受到他人的能量影响，但是我观察到许多人确实有这样的体质。不幸的是，许多共感人没获得正确的诊断，不理解过度刺激与自己高度敏感的天性是如何加深了自身的成瘾行为。因此，关键是弄清楚自己是否在通过成瘾行为，来应付高敏感的天性。要如何判断？可以自问以下的问题：

- 我是否想过："我如果可以不吃这么多东西、喝这么多酒，人生会好很多？"
- 我是否曾经试图停止暴饮暴食、滥用药物一个月。虽然尽了最大努力，依旧只能维持几天？

- 我是否借着自行服药，来缓解社交焦虑或这个世界带来的压力？

各位要是怀疑自己依赖酒精、药物、食物或其他成瘾行为，来解决共感人会碰上的感官超载问题，可以看看自己是否符合以下的描述，评估自己平日如何处理敏感问题。

自我评估

我在哪些时刻会喝酒、药物上瘾、出现其他成瘾行为？

- 太多自己或他人的情绪，让我承受不了。
- 我情绪受挫，感到沮丧、焦虑或忧郁。
- 情感受伤。
- 与他人互动感到不自在，觉得很别扭。
- 睡不着。
- 在某个情境里感到不安。
- 感到被批评、责怪、拒绝。
- 感到害羞、焦虑、无法与人社交。
- 一个人关在家里，没有自信出门。
- 我觉得好累，想要提振精神。
- “能量吸血鬼”让我精疲力竭。
- 我想逃离这个世界，把世界拒于门外。

得分代表的含义：

- 以上只要有任何一题回答“是”，你偶尔会借由成瘾行为来面对敏感天性。
- 回答二到五个“是”，你中度依赖会成瘾的事物，以治疗感官超载的感受。
- 回答六个以上的“是”，代表你主要依赖成瘾行为来处理敏感问题。

意识到自己所做的事，是挣脱束缚的第一步。不必感到羞愧，也不必责怪自己。你意识到自己的成瘾倾向后，你能明白自己是如何处理共感人的敏感特质，也有办法换成更有效的方法。如果你发现自己是用成瘾行为来解决共感人的感官超载问题，你可以采取行动，自我治疗。

首先，一定得找出你对什么成瘾。诚实评估自己一星期喝多少酒，或是使用多少成瘾物质。你有多久因为受不了而大吃大喝一顿？你是否对其他事成瘾，如性爱、爱、赌博、购物、工作、电玩、上网，好让自己不那么焦虑或感受到太多东西？好好关心自身的状态，看看能否找出模式，了解自己是靠什么治疗心情。即使是一星期或一个月才做一次那样的自我疗愈，也可能有成瘾问题。

第二步是明白不论是药物、人、工作、再多的钱，没有任何外在的东西，能让你接受自己和你的敏感。快乐得内求，你必须学着去认识自己、爱自己、接受自己。这将是持续一生的发现之旅。你越是逃离自己的敏感天赋，只会越不舒服而已。我参加十二步骤疗程时，一遍又一遍在生活中深刻体会到这个宝贵的真谛。

第三，打算解决自己的成瘾问题时，可以考虑参加十二步骤聚会，例如“匿名戒酒协会”、“戒毒无名会”、“过量进食者匿名组织”，都提供相关辅导。“匿名戒赌互助会”与“债奴无名会”，则提供财务方面的协助。辅导人际关系的十二步骤计划，包括“嗜酒者家庭互助会”（由酗酒者的亲友参加）、“共依存症无名会”、“性爱成瘾匿名会”。此类聚会可以辅导你建立健康的人际关系，教你设定人际界限；划清界限的能力对共感人来说特别重要。

前述所有的互助计划都会探索成员的精神层面，利用十二步骤模式克服成瘾问题。我大力推荐各位参加。别人的故事或许会让你心有同感，学到如何在这个充满压力的世界，以正向的方式掌控共感能力，不必再靠喝酒、嗑药、狂吃、性爱来麻痹自己。

找到“灵”的慰藉

十二步骤疗程中，成瘾者在接收爱的能量、重新找回力量时，灵性是不可或缺的元素。我们把自己弄到精疲力竭的原因，包含想要讨好他人、过度警戒身边的危险，或是在毫无防备的状况下吸收他人的压力。十二步骤疗程教人们从更高的力量那里获得协助，而不是独自想办法消除不安感。“灵”想协助我们，但我们必须先求援。

瘾头很狡猾，会在我们最脆弱无助、背负太多东西的时刻冒出来，很难光靠意志力来抵抗。我建议借助以下的灵性步骤稳住自己。假设父亲批评你，你的心很痛，或是职场上有一群“能量吸血鬼”包围着你，又或是有太多的说话声、光线、噪音让你承受不住，只想摆脱一切，此时不要把手伸向一瓶酒或巧克力蛋糕，也不要疯狂购物。你可以让自己和更高的力量联结，让它来安抚你的焦躁。无法冷静下来时，就向更高的力量求助，离开恐惧的状态，转向爱。那股力量会带我们回到自己的心，跳出激动焦虑的状态，回归正轨。

灵性是你的朋友，会保护你，将你包裹在善与爱的强大力量之中。学习进入内心，倾听“灵”，将使你在白天或黑夜的任何时刻，直接感受到自己应得的平静及保护。各位可以把灵性想成上天、女神、大自然、爱、善、你的心的力量——想成什么样的概念都可以，只要你感受得到共鸣就行。灵性将把你和你的直觉联结；我认为直觉是神圣力量的延伸。虽然共感人通常原本就有很强的直觉，定期与“灵”调频，就能进一步增强直觉。我大力推荐各位与“灵”建立活跃的联结，方法包括冥想、沉思、祷告、接触大自然、阅读灵性类书籍、参加十二步骤聚会。

下次你又想拿起酒瓶、大吃大喝，或是再次从事其他成瘾活动时，停下几分钟。记住，克服瘾头、恐惧、焦虑的秘诀，就是从成瘾的渺小自我，换挡至拥有灵性力量的自我。你可以借由以下的练习，探寻自身更高的力量，脱离无力承受的感觉，进入更开阔的觉知状态，不需要麻痹自己就能感到自在。

共感人自救法

向更高的力量求援

一天至少找出五分钟，与自身更高的力量联结。在那段期间，暂停一下忙碌的生活，停止解决所有问题。找一个宁静的空间坐下，可以是家里、公园、大自然，或是简单关上办公室的门。坐定后深呼吸，慢慢放松身体。出现杂念时，想象那些念头是空中来来去去的浮云，不要抓着不放，回到呼吸的韵律之中。

在安静、镇定的状态下，在心中邀请“灵”出现。每个人认定的“灵”都不一样。“灵”是一种能量，先往内而不是往外寻找，就比较容易感应到。感受“灵”在自己体内，在自己心中。不要过分运用理智，而是感受一股爱的暖意打开你的心，接着流遍全身。感受你自身的更高力量——真的感受到一股能量。你是否感到自身完整了？是否感到一股向上提升的力量？是否感到一切都会没事？不论你感受到什么，细细体会它。不要急，不要有压力，让那美好的感受进入全身。一旦感受过自身更高的力量，就能一遍又一遍再次与那个力量联结。

你也可以请“灵”提供特定的协助，例如“请协助我停止吸收恶霸主管的怒气”、“请让我在社交情境中不焦虑”、“请协助我的另一半理解我的敏感天赋”。效果最佳的方法，就是每次冥想只专心提一个请求就好。一次只提一个会让效力增强，你也更容易追踪结果。

结束冥想时，在心中对着“灵”说“谢谢”，恭敬地微微欠身鞠躬，向整场体验致意，接着缓缓睁开眼睛。

感到自己被情绪压垮时，以上的冥想可以协助你快速放松。当你越常和“灵”联结，这件事就会越来越容易。有了

“灵”的保护，你会感到更安全、更自在沉浸于世界的正能量。身为共感人的好处，就是能够心生喜悦，感受胜过常人的喜乐、同情、宁静、热情——这些全是滋养灵魂的体验。只要我们克服成瘾问题，就能摒除一切障碍，全心感受正面美好的人生。

我为了保护自己、稳住身心，一天会与“灵”连接数次，刻意保持强力、活跃的接触。我有时只花十秒钟确认，但也可以花更长的时间，一切依照自己的行程来安排。此外，我还会练习其他的共感人自救法，例如第二章提到的“三分钟心的冥想”。我还会找时间独处，恢复精力。在家时，我会坐进浴缸享受泻盐浴，释放压力。除此之外，我也会升起能量防护罩，不让别人的能量影响我。我还会到大自然中散步，感受大自然之美。本书的每一章都会介绍自我保护的方法，各位可以多加利用，让身心灵健康，尤其当你正在努力克服成瘾问题时。

共感人吃东西：食物、体重与暴饮暴食

我在看精神科病人时，观察到“过食”与“食物成瘾”是共感人常见的问题。食物是一种药物，可以稳定共感人的

敏感身体，但也可能让身体“暴走”。食物成瘾是一种无法控制的情况，会让人忍不住吃下过量的食物。对共感过食者而言，不先处理精神问题的节食法与减重法，大都维持不了多久。共感人特别容易出现的食物成瘾，不外乎戒不了糖或碳水化合物。间歇性的过食相较之下不算严重、成瘾程度较低，但同样会威胁到健康。

为什么对共感人来讲食物成瘾与过食是特别大的挑战？我们可以从20世纪早期的信仰疗愈师身上找出一些答案。那些女性疗愈师通常过胖，宣称需要庞大的身躯才能保护自己，以避免吸进病患的痛苦及症状。虽然这样的因应机制的确有效，但是保护自己其实有更好的方法，这也是接下来我想与各位分享的。

过重是一种避免让自己吸收他人压力的自我保护法。额外的体重会让你感到更稳重，更能够抵抗负能量。然而，摄取糖、碳水化合物或垃圾食物，只能治标，不能治本，效果只会持续一阵子，既不健康又容易成瘾。共感人的饮食失调症甚至包括大吃大喝后，想办法催泻。会这么做的人有可能是为了释放体内的负能量，但他们自己却没意识到这层动机。敏感人士若没意识到自己吃太多不健康的食物是为了自我保护，抵抗被击倒的感觉或负能量，节食通常会失败。只要我指出这一点，过重的共感人的人生有时就会因此改变。

各位大概懂得那种感觉。感官超载时，你会想吃点什么来安慰自己。身材瘦削的人，特别容易吸收各式负面情绪。然而，世上有比“吃”更好的解决方法。多多运用本书分享的自我保护法，就能停止把这个世界的病症吸进体内——我身材算瘦，平日就是靠那些方法保护自己。意欲解决因共感体质过食的问题，办法就是以更健康的方式稳定心情、自我保护，其中包括选择更理想的食物。

自我评估

你是食物共感人吗?

- 你是否在感到情绪无法负荷时暴饮暴食?
- 你是否借由糖、碳水化合物、垃圾食物来安慰自己?
- 你是否对食物在体内产生的效果高度敏感?
- 糖、咖啡因、汽水、垃圾食物，是否令你情绪不稳、头晕或有中毒的感觉?
- 你是否有食物过敏或不耐受的问题，如麸质或大豆?
- 你体重较重时，是否觉得比较能抵抗压力?
- 健康、干净的食物是否能带给你活力?
- 你是否对食物中的防腐剂敏感?
- 你身材较瘦的时候，是否感到比较无法抵抗压力?

得分代表的含义：

- 回答一到三个“是”，代表有轻微的食物共感倾向。
- 回答四到六个“是”，代表有中度的食物共感倾向。
- 回答六个以上的“是”，代表你是食物共感人。碰上压力、心情低落时，你靠食物自我疗愈。

共感人的身体系统高度敏感，需要加以注意。我们对食物的反应强过他人。由于食物是能量，共感人能察觉不同食物是如何影响身体的。因此，为了自己的身体好，一定要慎重选择食物。我治疗过吃纯素的病患，他们选择吃素，因为他们的身体感受得到动物被屠宰的痛苦。由于共感人对食物有着强烈的反应，记得留意哪些事情会引发过食，并运用以下的练习让自己不必靠吃东西也能安定身心。

给共感进食者的十条建议

各位如果是共感进食者，你需要找出刺激你过食的能量压力源，比如令人精疲力竭的同事、争论、被拒绝的感受。训练自己一碰上那些负能量，就立刻能将其排出体外，从而平衡自己的系统。以下几个小方法可以帮助你释放负能量，且不需要暴饮暴食：

1. 靠呼吸把压力排出体外：感受到压力时，立刻专注于呼吸，慢慢深呼吸，释放负能量。我们因恐惧而屏息时，等于是把毒素留在体内。

2. 多喝水：感受到负能量、心中冒出大吃大喝的冲动时，喝过滤水或山泉水。水会带走各种秽气。一天至少喝六杯水，不断排毒。此外，泡澡或冲澡也能释放负能量。

3. 限制糖的摄取量：你很想吃糖、摄取碳水化合物、喝酒，但那些东西会让你情绪不稳、喜怒无常，更容易吸收不请自来的压力。

4. 吃蛋白质：蛋白质可以安定神经系统，稳住共感人。最好一天摄取四到七次少量的蛋白质餐。这种养生法使你感到更有活力、更安全，也能更安稳地待在世上。如果你吃纯素，一定要摄取足够的蛋白质。我一天之中会不断摄取少量的蛋白质，以及含优质蛋白质的点心，如人道饲养的鸡、草饲有机牛、野生打捞的鱼。外出时，比较难维持这样的饮食，因此我随身携带蛋白质零食，像是坚果、火鸡肉干，以及冲泡式的蛋白质粉。不要因为外出时不容易吃到好食物，就让自己丧失能量，心绪不宁。

5. 别让血糖值下降：共感人特别容易因为低血糖而不舒服。如果你低血糖又生活忙碌，绝对会让自己感到力不从心。时间到了就要进食，尤其是当你待在拥挤的地方、外出、公司开会的时候。共感人碰上低血糖，一定会产生疲倦与无力感。

6. 吃大量蔬菜：如果你容易过食，体重增加，那就吃大量的蔬菜填胃，抑制想吃东西的欲望。也可以外加一些全谷食物，但分量不要过多，以免造成碳水化合物成瘾。

7. 健康的油脂是好东西：好的脂肪不会让你肥胖，反而可以在一天之中持续带来能量，不会因为太饿而想吃很多东西。记得在餐点中加进橄榄油、椰子油、各种坚果油。也别忘了吃富含 omega–3（奥米茄 –3）的食物，如鲑鱼、omega–3 鸡蛋、亚麻子。酪梨、坚果、豆类也是健康油的良好来源。我曾经傻傻地吃低卡、低脂、低碳饮食，结果丧失好脂肪提供的活力。今日的研究显示，吃正确的脂肪甚至可以减重。坏脂肪才要避开，如氢化油、袋装食物中的反式脂肪。那种脂肪会堵塞动脉，引发疾病。

8. 限制咖啡因摄取：共感人通常对咖啡因过敏。我喜欢每天来一杯咖啡，但咖啡会使我过度兴奋，所以我不会喝太多。如果你感到自己需要两杯咖啡，可以混合含咖啡因及无咖啡因的咖啡。许多共感人感觉摄取少量咖啡因后，更能抵挡负能量，但摄取太多又会紧张、疲倦、容易吸收他人的症状与压力。别让自己无意间摄取过多咖啡因，有些软性饮料也可能含有咖啡因。其实，完全不喝饮料最好，因为饮料一般含有太多糖分。花草茶与无咖啡因的茶可以镇定神经（洋甘菊尤佳），调节过载的感受。

9. 为能量而吃：有机、新鲜、未精制、本地生产、非基因改造的食物，可以提供最多精力。测试一下各种食物，看看哪一种能带来最持久的能量、哪些不行。我称之为“试吃调整”。我们如果待在高度正能量的环境中，例如振奋人心的工作坊或会议，有时会食欲大增，因此一定要吃正确的食物。以我举办的周末直觉工作坊为例，参加者通常会特别饿，因为他们长时间冥想，探索各种新型疗法。食物可以稳定身体，让我们处理更多能量。感受一下不同食物在体内的感觉，只吃能以健康方式提振精神的食物就能避免食物成瘾。一定要记住，你的身体越舒服，这个世界就越没办法夺走你的精力。吃干净饮食的共感人，一般来说比较健康、坚强、没那么脆弱。“活的食物”带给身体的能量感受，不同于“死的食物”。由于共感人对能量很敏感，我们分辨得出活的食物跟死的食物。各位可以依靠以下几种直觉法，感受不同食物带来的活力，选择能滋养身体的食物，避免食物成瘾问题。

“活的食物”散发光泽：活的食物有香气、美味、带来活力、有机，不含化学成分与防腐剂，能提供带来平衡感的洁净能量，不会让你暴饮暴食。比较一下自己种的西红柿，以及许多市售、大量生产的西红柿，两者带来的能量与口感有何不同。训练自己吃活的食物，来支持敏感的身体。

“死的食物”颜色黯淡：死的食物缺乏香气，吃下肚后没有满足感，不会补充精力，反而吸走精力。死的食物含有防腐剂、化学成分，或是添加了营养成分。死的食物会引发胀气，会让我们不舒服，脑袋一片雾茫茫，想狂吃糖分和碳水化合物，因此要特别小心，不要把死的食物吃下肚。

10. 测试自己是否有食物过敏：共感人很容易对化学物质敏感，也容易出现食物过敏，如麸质、大豆、酵母都是过敏原。请医生检查你是否对特定食物过敏，或是对麸质敏感。只要做简单的血液及唾液测试，就能找出答案。万一过敏，平日尽量避开那些东西，好增强精力，减少肠子等身体各部位的发炎反应，肠躁症或其他肠胃不舒服的症状就会随之缓解。

除了上面提到的十条原则，压力大的时候，以下的自我保护法，也能帮助你抵抗暴饮暴食的欲望。

共感人自救法

把蒲团放在冰箱前面

如果各位倾向以额外的体重来保护自己，而且容易食物成瘾，那么可以在冰箱前面摆上蒲团。每次想大吃大喝时，蒲团带来的视觉线索，将阻止你打开冰箱门，提醒你应该冥想，而不是吃东西。

不要伸手拿食物，改成坐在蒲团上，闭上眼睛，呼吸数次，让自己静下心。找出是什么原因促使你想吃东西。碰上乱发脾气的亲戚？感到孤单寂寞？今天碰到太多人，觉得精神压力很大？去一趟购物中心累了？好好对待自己。很想吃东西的时候，想象一股爱流过体内，感到自己被爱滋养，恐惧与不安都消失不见。好好享受这种自我疗愈的感受，借由着冥想稳住情绪与能量。深深地吸气、吐气，一切都会没事的。

食物也可能剥夺你的元气。记得养成良好的饮食习惯，让食物具备稳定心神的作用，而不是让你神经过敏。如此一来，你就能从食物中获取最大的能量，而不是把暴饮暴食当成一种防卫机制。只要懂得如何保护自己、稳住自己，就不会再有想戒却戒不了的瘾头。

遵守本章的建议会让你更健康。共感人一定要评估自己和食物与健康的关系，并留意成瘾迹象。好好保重身体。身体健康后，就比较不容易感官超载，进而能避免成瘾的行为。

共感人誓言

我听从身体的智慧，吃健康的食物，练习照顾自己。我会治疗成瘾问题，让身心灵达到平衡。

4

在自己和伴侣之间明确设限

共感人由于生性极度敏感，亲密关系经常是他们过不去的关卡。亲密感能够打开我们的心，让我们充满爱意，诚实表达自己的需求。共感人若要享有美好的亲密关系，就得学着敞开心房沟通，设立明确的界限，让自己放松地接纳他人，不至于被亲密关系压垮。

正确的伴侣关系可以带给共感人力量。被珍惜、仰慕，都能使我们强大。共感人若能拥有善解人意的伴侣，敏感的天性受到尊重，就会感到安心，觉得背后有一股支持的力量。然而，亲密关系虽有种种好处，但对共感人来讲，时时刻刻都得和别人相处也不是一件容易的事，他们会感官超载。因此，共感人觉得谈感情太累，有的人甚至会想逃跑。这是怎么回事？由于性格敏感的人往往在不知不觉中被另一半的情绪与压力感染，若是不懂得设定界限，我们会害怕在一段关系中窒息。

共感人因此感到进退两难：我们希望有人陪伴，但又感到不安心。我自己也一样，共感人经常自我矛盾，想要被爱，但也想要一个人待着。被需要的感觉很好，但别人的需求若是太多，会使我们疲惫。我们希望拥有丰富的内心世界，也希望有人一起生活。不论是让自己与世隔绝、压抑心中焦虑、战战兢兢地过日子，还是逃离人际关系，都不是解决之道。我们该怎么做？答案是学着引导并保护自己的敏感天性，在自己与伴侣之间设下明确的界限。本章将带领大家了解可以怎么做。

寻找灵魂伴侣：你是否被不属于你的人吸引？

当我举办工作坊或执行精神科医生的业务时，有一件事总是令我讶异。有好多敏感人士希望拥有长期的亲密关系。虽然他们努力约会，也愿意请别人介绍交往对象，或是加入志同道合的社交团体，但他们依旧维持单身，或是被“不属于他们的人”吸引。

我懂他们的心情。长期以来，我一直渴望拥有另一半，然而我的模式是，我会爱上一个人几年，但终究走不下去。

我很珍惜有人陪伴带来的安慰与热情，只是我需要花很长的时间才有办法放心说出我的共感人需求——我甚至到现在还在学习这一课！我因为不清楚要如何处理感官过载的问题，常常感到无力承受，最后只好逃跑。此外，我需要大量的独处时间，好处理自己在关系中的情绪问题，这样我和伴侣相处时，才有办法专心、少一点矛盾——直到最近，我才发现独处对我来讲有多重要。接着，我会恢复单身。单身虽然比较孤单，但情绪上就解脱了，不必处理他人的需求。我得加倍体谅自己在人际关系中容易感官超载，那并不是我的错。

即便到了今日，不论我有多爱、多尊重伴侣（或任何人），只要相处时间太长，我就会感觉身旁刺激太多。对方会惹到我，然后我就开始感到焦虑。我的共感挑战是平衡“独处时间”以及“与另一半相处的时间”。共感人需要由体贴的另一半慢慢引导，一起找到双方都能接受的相处时间。万一碰上无法折中的日子，就让我一个人静静待着。我感谢另一半能够体谅，共感人有时不是很好相处。中场休息对共感人来讲很重要，我们需要独处时间才不至于疯掉。亲朋好友必须谅解这一点。

共感人为什么难以找到灵魂伴侣？只因为“适合的人”不够多？还是我们太神经质了？都不是。我在私底下，以及帮病患做心理治疗时，发现了另一个原因。了解自己是亲密关系共感人之后，我终于知道问题出在哪里。共感人善解人意、直觉敏锐、关心他人，然而我们有如避震器，我们的神经系统高度敏锐，一有风吹草动就出现强烈反应。高度敏感的好处是我们能与伴侣的情绪同步，甚至有心电感应，同时也是理想的热情性伴侣——但麻烦的是，我们也会接收到他人的压力。我们与一个人的关系越亲密，就变得越敏感，因此共感人在谈恋爱时，经常会因为相处带来的额外刺激感到疲惫不堪、心力交瘁。这种敏感和一般的同理心不同。一般的同理心是指伴侣要是工作碰上不顺心的事，有办法表示同情，然而共感人会陷入伴侣的快乐或忧伤之中，仿佛碰上事情的人是自己，因此浪漫关系对共感人来讲是很大的挑战，尤其是同住一个屋檐下。

各位如果还没发现自己是共感人，不知道自己会吸收伴侣的压力，你可能会下意识避免谈恋爱，或是被不可能爱你的人吸引。这种现象反映出你恐惧情绪过载。你碰上的循环是有一部分的你渴望拥有灵魂伴侣，但也有一部分的你害怕被掏空、被困住，失去自我。你和一个人越是亲密，你的共感能力和焦虑感也变得越强。那就是为什么共感人经常选择“得不到的人”。对方如果是得不到的人，双方的关系就永远不会过于亲密，共感人就不会碰上亲密感带来的恐惧。举例来说，共感人可能会谈没有结果的网恋，或是挑那种骑驴找马、若即若离的情人，一直寻求自己得不到的爱情。共感人有时还会被喜新厌旧者吸引，甚至他们自己就是喜新厌旧的人。他们享受关系蜜月期的快乐，一旦两人变得更亲密之后就抽身，因为感觉“太多了”。

“联结”与“依附”不一样

共感人经常爱上错的人，因为他们看见了对方的“潜能”，想让对方成为更好的人。共感人的逻辑是：“只要我好好爱这个人，他就会对我敞开心房。”共感人本身非常善良，可以理解他们为什么会这样假设，但事实通常不是这么回事。健康的人际联结是指伴侣双方深深投入这段关系，两人都愿意向对方打开自己的心。依附则不一样。依附是指我们拼命抓住一个人，希望那个人有一天会改变。这种事很危险，因为我们会一直离不开不可能爱我们的人，无法从“有毒”的关系中抽身。各位如果渴望亲密感，记得要寻找等不及要和你在一起的人。

我治疗过的共感病患中，有的人强烈感受到某个人是自己的“灵魂伴侣”。然而那个“灵魂伴侣”并没有选择他们，也没回报相同的情感，共感人因此感到困惑。这样的共感人感受到的东西是真的，只不过那份情感大概来自其他时空。此时，共感人落入的陷阱是依恋他们有感觉的那个人，单方面付出爱，一直等、一直等，直到有一天对方也会爱他们，但那一天很少到来。我告诉病患的原则是，如果一段感情真是天注定，自然会发生，不必拼命抓着眼前这个不属于你的人。

害怕承诺

我自己虽然和别人同居过，但不曾结婚。为什么没结婚？我经常思考这个问题。在我心底深处，我害怕被困在没有出口的错误关系中。此外，我也恐惧自己因为是共感人而付出太多，自己的需求却被无视，那会使我心灰意冷。我读到自己的旧日记时，发现自己 1988 年就在哀叹为什么找不到伴，更别提会体谅我极需要独处时间的理想伴侣。

我学到既然身为共感人，就必须以有创意的方式诚实地和伴侣对话。我的道场老师讲过一句话，他说要是你和伴侣没有敞开胸怀一起努力成长，“灵魂伴侣可能变成一起坐牢的人”。待在不沟通的关系里是很痛苦的一件事。你在世上最爱的人，感觉像是变成敌人。对共感人来讲，一段关系要是缺乏相互理解，不可能幸福。

今日的我更能说出自己的需求，我现在的伴侣也愿意听我说话。他不害怕我强烈的情绪，我因此有安全感。我这辈子在和男性相处时，一直担心自己会因为“情感太强烈”而吓跑对方。

敏感人士如果要放心对伴侣敞开胸怀，首先必须了解自己是否是亲密关系共感人。如果是，可以设下合适的界限，勇敢说出自己的需求。此时，才可能培养亲密感。

自我评估

我是亲密关系共感人吗?

回答以下的问题，找出自己是否为亲密关系共感人：

- 我是否会吸收伴侣的压力、症状、情绪?
- 我是否害怕在亲密关系中窒息或失去自我?
- 相处时间太多，是否令我感到焦虑?
- 我是否需要独处的“充电”时间?
- 我是否有时比较喜欢一个人睡?
- 我和伴侣在一起时，是否受不了他看电视的样子或讲电话的声音?

- 我是否很容易情感受伤?
- 争论是否让我感到不舒服或疲惫?
- 我是否很难设定人与人之间的界限，也无法说出自己的需求?
- 外出旅行时，我是否宁可和伴侣睡相邻的两间房，而不要共处一室?

得分代表的含义：

- 回答一到两个“是”，代表你有轻微的亲密关系共感人倾向。
- 回答三到六个“是”，代表你有中度的亲密关系共感人倾向。
- 回答七个以上的“是”，代表你有强烈的亲密关系共感人倾向，你需要学习处理敏感天性的方法才能拥有一段成功的关系。

选择伴侣要慎重：替自己找情绪能相互配合的另一半

了解自己是亲密关系共感人之后，就可以开始移除障碍，找到能滋养心灵的伴侣关系。要从哪里开始？你要做好心理准备，重新思考伴侣的定义，抛弃过去对婚姻的刻板印象，放下拥有亲密伴侣是怎么回事的成见。

在“灵魂伴侣”的关系中，双方都致力于让自己和对方成长。“灵魂伴侣”并非完人，一个人一生可以拥有多个“灵魂伴侣”。我的道场老师说，我们选择要和谁在一起时，必须决定我们最能忍受哪些问题！不过，不论一段关系为期两个月、两年、二十年还是一生，都能让我们敞开自己的心，治疗内在的伤口。

共感人必须和伴侣商量彼此要共度多少时间，确认彼此都满意那样的安排。例如我有一位病患只和伴侣共度夏天与假日，两个人都能够接受这样的做法，因为他们的孩子已经长大成人了。有的伴侣喜欢远距离恋爱，只在周末见面也没关系。我有一些共感人病患喜欢另一半是医生、律师、飞行员或经常需要出差的人士，这样他们就能享有更多独处的时间，或是多和朋友相聚。共感人如果在家工作，另一半也一样时，他们精神上经常会受不了。此外，共感人喜欢伴侣过着充实的生活，出去找朋友、发展爱好、找时间运动或从事各式活动；伴侣如果大多数时间都和自己黏在一起，共感人会感到精力被吸光。共感人的关系如果能走下去，通常是因为有分开的时间。伴侣应该花多少时间在一起，没有对错可言。我诚心建议一定要找出能让自己最舒服的安排。

谁和共感人最合拍？我在《让情绪自由》（*Emotional Freedom*）一书中，探讨过共感人最常见的三种情感类型，不过有的人是混合型。了解“灵魂伴侣”属于哪种类型，就知道应该如何互动了。此外，你也能够掌控自己的情绪，不会一直被伴侣牵着走（“灵魂伴侣”就是有办法对我们做这种事！）。掌控自身情绪的意思，不是压抑你的感受或是不管它。你要找到平衡，治愈自己的弱点，让自己拥有最强大的力量。

要如何找到和自己合拍的伴侣？共感人可以通过能量，而非话语，感受到与他人的灵魂联结。留意你对他人能量的感受，看看那个人说的话，是否符合他的能量。是否有哪里不对劲？你是否无缘无故想躲开？共感人碰到不真诚的人会愣住。你的直觉是否要你小心，还是有哪里不太对劲？如果你怀疑某个人的言行与能量不一致，慢慢来，等对方证明值得你爱再说，不要太快交出自己的心。靠你的直觉去找出那个人真正的样子。

什么样的人适合共感人？那要看你的个性与需求。你必须判断自己喜欢哪种类型的人，或是哪种混合型的人，以及和什么样的人在一起会最长久。以下列出几种类型，有可能外向，也可能内向。

类型一：动脑型／重度思考型

动脑型的人擅长分析，喜欢想事情，借助逻辑与理性思考看待这个世界。他们碰上冲突时会保持冷静，通常不让自己有情绪，不轻易信任直觉。此外，他们不会冲上去参加娱乐或享乐活动。动脑型的人很适合当某些共感人的伴侣，因为他们的逻辑可以和情绪丰富的共感人互补，当共感人的后盾。

协助共感人和动脑型人士沟通的小诀窍

- 开口要求帮忙：动脑型的人喜欢解决问题。明确告诉动脑型的人，他们可以如何协助你解决一个问题或做一件事，他们就完全知道该如何伸出援手。
- 一次只提一件事：碰上太多"无从解决"的情绪时，动脑型的人会无所适从。举例来说，你可以告诉动脑型的伴侣，你是共感人，过完忙碌的一天时，你需要独处帮自己"充电"。记得要事先让对方明白，你想要独处，不是因为不想见到他，他没做错事。
- 定期沟通：随时与动脑型伴侣沟通，把话讲清楚，表达对彼此的爱意。

协助动脑型人士和共感人沟通的小诀窍

- 呼吸：如果头脑卡住了，练习“箱式呼吸法”。方法很简单，靠鼻子深深吸气，数到六，接着屏住呼吸，数到三，最后靠嘴巴吐气，数到六。反复多做几次，你将放松下来，思绪不再混乱，更能与眼前的共感人伴侣沟通。
- 运动：不论是散步、游泳或健身房运动，都能增加身体的觉察力，稳住激动或慌乱的思绪，使你放松，更能从容与伴侣相处。瑜伽也是很好的运动，可以协助动脑型的人放开执着，顺其自然，共感人会感激这点。
- 拿出同理心：讨论共感人的情绪议题之前，问自己：“我如何能用心来回应，不仅仅是用理智来回应？”此外，不要试图一下子就要“解决”共感人碰上的困境。

类型二：共感人／情绪海绵

共感人是温柔、能支持你、情感丰富的伴侣，同时能够高度感受到自己与另一半的情绪。人们经常问我：“两个共感人在一起，能拥有一段良好的关系吗？”绝对可以。这种组合在心的层次有非常美好的联结，双方能懂得彼此，不必解释太多。然而，这种组合要成功、维持长期的和谐，双方必须持续分享共同的需求。两个同时被击倒的共感人，情绪会非常紧绷。高敏感人士之间的关系，必须靠相互理解来维持，而且两人要各自拥有可缓解情绪的空间。

我治疗过许多双方都是共感人的伴侣，我教他们尊重彼此的敏感天性，不要被对方的情绪带着走。“共感人＋共感人”组合的好处是，一方很容易理解另一方的感受，比较麻烦的则是找出个人需求，设定界限，使自己安心、镇定。共感人被勾起情绪时，需要暂时冷静一下，让自己减压。当两个共感人同时被太多情绪击倒时，会让彼此的焦虑雪上加霜。此时，各自都需要单独的安静空间放松下来。两个共感人的相爱过程通常机具挑战性，但这样的伴侣的确可能走得比较长远。

协助两个共感人彼此沟通的小秘诀

- 让彼此每天有分开的时候，放松心情：短暂的独处时间可以稳定情绪，恢复精神。到外面走一走，或是在自己的房间里独自冥想。专心吐出胸中的焦虑、恐惧等郁结的情绪，不要累积在身体里。中场休息过后，两个共感人伴侣就能清空烦恼，好好珍惜彼此的相处时间。
- 保护自己的细腻性格：记得双方都要列出自己的前五

大情绪地雷，一起拟定计划，看要如何处理，避免陷入惊慌失措。例如双方可以在参加活动时，两个人各自开自己的车过去，这样万一有一方需要先回家，另一人也不会觉得自己被困在社交场合中。

- 一起冥想：这能帮助双方做无声的灵性交流，强化彼此的联结。

类型三：岩石型／安静、坚如磐石

岩石型的伴侣坚定不移、可靠而稳重，永远是可以依靠的对象。在岩石型的人身旁，共感人可以放心表达情绪，因为他们不会大惊小怪，也不会批评你。岩石型的伴侣是可以依赖的人，知道这个人不会变，共感人会感到安心。然而，岩石型伴侣很难分享自己的感受，共感人会一直试着让对方说出心底的话，但这不是一两天就能成功的事。共感人会感到沮丧，觉得被岩石型伴侣拒之门外，甚至感到对方个性无聊。

共感人与岩石型的人可以是很好的组合，平衡着彼此。岩石型的人可以向共感人学习清楚表达情绪与情感，共感人则可以学习岩石型性格的稳重。岩石型的人并非没有感受，只是他们需要在爱的支持下，才有办法说出来。他们的脚稳稳地踩在地上。

协助共感人和岩石型的人沟通的小诀窍

- 表达感激之情：定期感谢岩石型伴侣的正面特质。岩石型伴侣被肯定对双方关系有重大贡献时，眼睛会亮起来。
- 提出增进亲密感的请求：为了加深双方的感情，要求岩石型伴侣一天至少表达一种情绪，如“我很高兴”、“我爱你”、“我很焦虑”。
- 共享大自然时光：双方一起参加体能活动，在大自然的环境下，让彼此的心更贴近。

协助岩石型的人和共感人沟通的小诀窍

- 动起来：主动发起情感的互动，不要只是回应另一半。
- 表达你的感受：别忘了，显露情感可以让伴侣明白你有多爱他们、有多愿意为他们付出。
- 肢体接触：拥抱或用手臂环抱另一半——共感人喜欢那样！

我个人和岩石型的伴侣相处得最好，胜过同为共感人的组合。我的另一半稳如磐石，而且聆听我的情绪时，不会被我的情绪卷走。对我来讲，和另一个共感人在一起太累了。我喜欢安静自持的伴侣，不喜欢对方一直讲话、不断分享自身的情绪状态。

伴侣一定要尊重你的敏感天性

共感人的下一步是问自己：那个可能和你在一起的人，是否尊重你的敏感性格。彼此进一步认识时，说出你生性敏感，平日会强烈感受到情绪，也重视独处时间。如果对方是对的人，他会理解的。如果是错的人，则会批评你“过度敏感”——听到这种话，你就知道这个人大概不适合你。

我平日建议病患靠“感性智商”（sensitivity IQ）筛选约会人选。什么是感性智商？接下来的测验可以协助各位了解。

自我评估

判断伴侣的“感性智商”

- 对方是否温柔待你、尊重你？
- 他是否关心他人、有好朋友？
- 他对待停车场人员或服务生，态度是否和善？

- 爱与友谊是否是他人生的重要事项?
- 你设下界限时，对方能否体谅?
- 他是否善待孩子和动物?
- 他是否喜欢大自然?
- 他是否尊重地球，主动做环保?
- 他是否大部分时间都无私地付出?
- 最重要的是，他是否有爱人的能力?

得分代表的含义：

- 七到十个“是”，代表你的对象有高感性智商，这太好了。
- 三到六个“是”，代表你的对象有中等的感性智商。
- 三个以下的“是”，代表低感性智商。除非他们接受辅导或治疗让自己成长，否则这个人能否成为体贴的伴侣，值得怀疑。
- 零个“是”，代表快逃，另外找个比较能感知他人情绪的伴侣。

不是所有的共感人都想要或需要长期的“灵魂伴侣”，不想要也没关系。不是每个人都一定要找到伴侣。人能够以各种方式成长，不一定要有伴。有时共感人需要单身一阵子，才有办法成长与疗伤，这也无妨。某位共感人曾告诉我：“我开心地过了三年单身生活。我谈感情时，太容易把对方摆在第一，而忽视自己的需求，最后变得不开心。单身的时候，我觉得自己比较有力量，谈恋爱会让我忘了自己。不过，我的确希望有一天自己也能在一段关系中获得力量。”

共感人如何从亲密伴侣关系中获得力量

研究显示，敏感人士可能会单身、离婚、分居，结婚概率也低。一种解释是，由于共感人与敏感人的特殊需求，婚姻对他们以及他们的另一半来讲，挑战性更高。

然而，如果你渴望得到亲密感，如何才能打造一加一大于二的伴侣关系？我要再次强调，你一定得好好和对方沟通你的共感人需求。关键是妥协。你也要听进伴侣的需求，两个人才能找到平衡。你不想被迫成为你不是的人。共感人要过着表里如一的生活，如此才会带来信任与接纳。一位共感人告诉我："我先生接受原本的我。他的接纳让我学会做真正的自己。"

不论两个人有多适合，共感人谈感情时，有些事一定得解决。如果你正要或是已经展开一段长期关系，你可以依据以下几点和另一半讨论如何爱共感人，以及你们会碰到的常见挑战，讨论要如何调整才能拥有成功的关系。

共感人的十二个恋爱秘诀

1. 重视固定的独处时间，让自己有机会减压与冥想

对共感人来说，在一段关系中有独处时间是一种自保方式。独处时间不是一种奢侈品，你要平衡“与人共处的时间”与“独处时间”，定期找出减压的“黄金时间”。此外，你要养成习惯，一天之中给自己多次短暂的中场休息。告诉伴侣这件事对你来说有多重要。共感人需要独自思考与处理情绪的时间，才有办法重振精神。此外，中场休息让你有时间消化你们之间遇到的问题，你将更清楚两人该如何相处。有时你们可以安静地共度时光——你并不想要自己一个人，你只是不希望受到干扰。好好向另一半解释这件事，他们就不会觉得你把他们推开，不想和他们在一起。是你个人以及你有敏感体质的缘故，不是他们做错了什么。

需要独处时间是共感人会碰上的典型问题，这有方法可以解决。我在宣传新书期间，一整天和很多人待在一起之后，会觉得不想讲话。这种时候，我的伴侣会打电话到我的旅馆房间，安静地交流，什么话也不说，只是静静通着电话。和我爱的人这样做，感觉很棒，不必讲话，却依旧感受到彼此的存在。我和伴侣喜爱彼此，他是个非常贴心的人，但我们

还是得处理共感人会碰到的情况。我有强烈的隐士性格，所以我们必须想办法协调。亲密关系需要牺牲与妥协；共感人投入亲密的伴侣关系时，不能失去自我。我们需要在这当中找到平衡。

2. 讨论两人要花多少时间社交

相较于其他非共感人士，共感人能忍耐的社交有限，尤其是内向的共感人。别人喜欢呼朋引伴，我们宁愿一个人。曾有共感人告诉我："我宁愿在家看 Netflix（网飞公司，一家在线影片租赁提供商），吃外卖，也不想参加派对。"另一位共感人说："我喜欢人，但失去独处时间很恐怖，就好像不能呼吸一样。然而，太多一个人的时间，又会使我感到脱节。"万一另一半不是共感人，究竟要花多少时间社交，你们得试着相互妥协，找出双方都能接受的安排。

有一次，我和伴侣到巴哈马度假，我们住的民宿，每个人都一起用晚餐。我的伴侣喜欢跟大家一起吃饭，觉得可以认识有趣的人，但我有时不想社交，也不喜欢闲聊。要我认识一群陌生人，简直让我发疯，因此我们讨论该怎么办。一个方法是我自己待在房间里用餐，我通常会这样做，这样我比较自在，但我也不想错过和伴侣相处的时间，所以最后我们都有妥协。我们先在码头一起吃晚餐，只有我们两个人。吃完后，我享受独处的时间，他则去认识其他房客。这个妥协的办法行得通，因为我们两人能各取所需。

我认识的一位共感人碰过类似的情形。坐游轮时，她的未婚夫喜欢坐大桌，和一大群人社交，但人多的游轮对共感人来讲是一大挑战，我朋友感到精疲力竭。中间有几天，她的未婚夫身体不舒服，待在房间没出来，我朋友便开开心心一个人吃饭。结果很多人邀她一起坐。“我猜他们觉得我落单很可怜，但我都礼貌地拒绝了。我喜欢自己一个人。很少人能理解喜欢自己一个人是怎么回事，不过现在我的未婚夫懂了。”

3. 协调与调整实体空间

共感人需要喘息的空间。决定好你需要什么样的空间，与伴侣约定好基本原则。问问自己，什么样的安排最理想。你是否需要一个可以躲进去的私人区域，例如自己专属的浴室（我一定得有！）、自己的客厅、公寓或房子？各种安排都可以，只要你们同意不会到对方的空间探头探脑。一起旅行时，可以订两个相邻的房间，让你有自己的浴室（我喜欢这样）。如果只能同住一间房，可以挂上床单当隔间。我前男友曾送我一块“非请勿入”的牌子，非常适合我。

此外，也要考量环境中是否有香味或化学刺激物，共感人有非常敏锐的嗅觉。说出你喜欢怎么做比较好，比如说，你可以坚持不要出现须后水、香水、化学合成的身体按摩油。天然精油或许可以接受，人工合成的东西则对共感人有害。

4. 考虑分床睡或分房睡

同睡的重要性多半被高估。多数人小时候都是自己睡，长大成人后却期待和别人同床共枕。许多共感人很难改成和别人一起睡，这种社会期待折磨着无法符合刻板印象的共感人。我一直不懂，为什么人们认为配偶永远得睡同一张床。传统的婚姻关系里，许多伴侣的确喜欢一起睡，但有的共感人永远无法习惯。不论另一半有多贴心，我们喜欢有自己的空间，或是买特大号的床，甚至将两张双人床并在一起，这样子两个人在自己床的那一边伸展手脚时，也不会碰到对方。允许自己跟伴侣分床睡，或是把两张床垫并在一起。有必要的话，也可以分房睡。

伴侣中非共感人的那一方会觉得自己睡很孤单，因此他们要尽可能的妥协。例如你们可以商量一星期中四天一起睡，三天分开睡。我认识的一个共感人还和另一半商量，睡觉时不要“熊抱”，她无法整个晚上被抱得那么紧。共感人不一定喜欢随时紧紧依偎。我认识的另一位女性有不同的解决办法。她和先生贴着睡的时候，由她当“外侧”的那个人。她发现这样的能量交换很美好。抱到觉得太多的时候，她就松开，回到自己的那一侧，夜晚剩下的时间自己睡。这个方法可以确保她不会被困在床的里边，没有空间可以移动。

共感人通常很容易醒。另一半要是打呼或动来动去，很容易惊醒我们。我们需要的睡眠时间可能超过另一半，做梦周期被打断的话，精神会很不好。有很多年的时间，因为这些因素我都是一个人睡。但是我目前的伴侣问我能否靠着减敏习惯两个人一起睡，我决定试试看。一开始，他睡在特大号床垫的另一头，答应说万一我睡不着，他就到别的房间睡。他说：“如果你觉得不舒服，拍拍我，我就会离开。如果你想要有更多的身体接触，告诉我，我会靠近一点。”过了一段时间，这样的安排的确让我能比较放心地一起睡——不过我的伴侣睡觉很安静，而且待在床的另一边。如果他靠得太近，而我需要更多空间，我会请他挪开，他也会照做。

有的共感人喜欢熬夜，因为另一半和孩子睡着后，是他们唯一能独处的时间。如果你也有同感，可以和另一半谈谈这个需求，让他们理解。

5. 一次解决一个情绪问题就好，但不要唠叨同样的话

共感人可能同一时间有众多情绪问题，会把自己和另一半困住，难以处理。和伴侣沟通时，最好一次只分享一个问题。除非对方要求你讲清楚一点，不然就别一直讲同样的话。我的伴侣告诉我，我如果一次提出太多问题，或是一直强调同一件事，他会觉得有人在对他的头念紧箍咒。男性特别容易从解决问题的角度出发，想要帮上忙，但如果同一段对话中出现太多需要改变的地方，他们会不知从何下手。举例来说，如果你连珠炮一般轰炸另一半，开口先是："气死了，老板怎么可以这样对我。"接着抱怨："我累死了，把吵死人的电视关掉。"接着又说："你把菜放进冰箱好不好？"最后又补上一句："我已经很烦了，我需要你认真听我讲话！"你要求的事情太多了，你的伴侣根本吸收不了。此外，在争执过后，共感人需要减压的空间，别忘了空出回归正轨的独处时间，处理好自己的问题，稳住自己的情绪。

6. 就算真的是针对你，也别往心里去

对心灵共感人来讲，这是很重要但很难做到的原则。然而，若要拥有良好的沟通与和谐的关系，这是最基本的。别人讲你什么，听过就算了，稳住自己的情绪，不要没事就被挑起情绪、反应那么激烈。

7. 使用三明治法：提出请求，而不是要求

所谓三明治法，就是在两件正面的事之间，夹一件你希望另一半改变的事，或是两个人意见不合的主题。举例来讲，先说："我非常爱你，我很感激你的支持！"接着说出你的请求："我需要你帮忙一件事。我每天晚上得冥想半小时，如果你能让我拥有一段私人时间，那就太好了。冥想过后，我就能专心陪你。"接着拥抱你的伴侣，感谢他以这样的方式照顾你。每当碰上难以开口的事，请记得用这个好方法。

8. 遵守不大吼大叫的原则

共感人受不了大吼大叫和大声说话，我们的伴侣必须接受我们这项特质。我为了保护自己，严格执行这条家规。曾

有共感人告诉我："我受不了身边有争执。我的身体会感受到怒意，就好像我被打了一样。如果我要对着别人大吼大叫，我会好几天都感到精疲力竭。"

9. 不要试图讨好他人，也不要试着让另一半变得更好

试着解决他人的问题，或是牺牲自己的需求、讨好他人，会让共感人疲惫不堪。因此各位要练习设界限，给予对方精神上的支持就好。我的伴侣从我们刚开始交往就告诉我，他不喜欢别人指导他如何变得更好。我现在知道，他过得不顺遂时，只要告诉他"我对你有信心，你可以的"，不需要提供不请自来的建议。这种做法一石二鸟，我因此不必吸收他的压力（这是共感人谈感情的基本生存技巧），又能表现出我相信他有能力解决自己的问题。试着不要干预伴侣的人生，让他们保持自我，自己面对困难。

10. 控制身旁的音量

共感人通常很文静。亲朋好友必须接受这一点，留意自己带入家中的声音。请伴侣谅解你需要安宁、平静的空间。你如果无法忍受一直开着的电视或收音机，戴耳机或耳塞都

是好方法。你也可以要求对方不要把计算机带到床上，计算机会散发刺眼的光线、刺耳的声音及有害的电磁波。

11. 商量入浴时间

共感人喜欢待在水中，泡澡与淋浴的时间较长，我每晚甚至可以待在浴缸里一个小时以上。我很幸运，我的浴室有窗户，可以望着水面反射的月光，进入出神状态，恢复精神。然而，我的伴侣喜欢在睡前享受一起躺在床上的时光，因此我们想出办法折中：有的晚上我花比较久的时间泡澡，其他时候泡一下就好。

12. 游戏

共感人一般属于正经型的人，但也享受游戏。和伴侣在一起时，可以放开一点，让你所爱的人见到你内心的孩子。

性与共感人

不论各位目前是单身、正在约会，或是处于一段长期的关系，性都是共感人需要厘清的重要议题。由于我们对能量很敏感，我们做不到“只是性而已”。做爱的时候，能量会结合在一起。我们会感受到性伴侣的焦虑与喜悦，而且我们常常直觉就知道他们在想什么、有什么感受，因此要慎选性伴侣，否则你会在做爱的过程中，吸收到对方的压力、恐惧或其他有害的能量。各位如果是性爱共感人，尤其要慎重。

什么是性爱共感人？有些人的共感能力会在性爱的过程中增强，因而感受到特别强烈的幸福感或压力。性爱共感人在调情时也一样高度敏感，会大量接收调情对象的能量，程度甚至超过其他类型的共感人。所有的共感人都一样，必须与正确的人分享身体上的亲密感，拥有能够回报相同的爱与尊重的伴侣才有办法身心健康。性爱共感人尤其如此。

不幸的是，我有一些共感病患单身了太久，他们只求有伴就好。虽然直觉告诉他们对方有问题，但只要有人令他们心动，他们还是会奋不顾身，一下子就和有问题的人选上床。由于找伴侣很花时间，即使他们直觉知道不对劲，还是会赶快抓住眼前这个人再说。但是很显然，当我们开始过度依恋不可能爱我们的人时，我们难免会受伤。一位共感人告诉我：“我已经五年没有投入认真的关系了，当我一下子掉进爱河时，会变得为爱疯狂，无视警告，然后就会失望。现在我都慢慢来，先确认对方也能爱我再说。”

静候伴侣出现的方法是参加谭崔（Tantra）工作坊，或是谭崔教师的个别辅导。谭崔是古老的印度修行派别，借由专注于身体的练习，结合性与灵。不论是私人或团体练习，你将学着倾听身体，探索自己性与灵的能量，一一检视过去的创伤、不利关系的行为模式，或是让你无法感受的麻木。这些课程可以增进性能量，让它持续流动，增进个人魅力，而不是呈现静止状态。当这股能量休眠时，其他人可能感受不到你有多性感。

几年前，我太快和错误的人在一起，体验过几堂宝贵的谭崔课程。我老是选择不该爱的人，或是长期单身，我想要打破自己的这种模式。我已经厌倦和心理治疗师谈这些问题，所以选择参加谭崔课程，帮助自己打开受阻的能量，吸引合适的伴侣。

一旦找到合适的伴侣，亲密感的基本原则是结合“心的能量”与“性的能量”。心的能量会让共感人容光焕发。当性欲、精神和心在做爱过程中合而为一，你的身体会获得极大的滋养。

若要维持以心为主的性行为，方法是学习和伴侣设定界限。如果感觉不对，不要勉强。举例来说，如果你的伴侣当天过得不顺遂，脾气暴躁，那不是做爱的最佳时机，因为共感人可能会吸收到那股怒意。坦诚地聊一聊，一定要让你爱的人了解，为什么在他们发脾气或压力特别大的时候，你会选择避免亲密行为。

你要向伴侣解释你的敏感天性。除非对方也是共感人，你需要和善地解释自己的反应，让伴侣照顾到你的需求。展现你的温柔，慢慢来，两人之间的亲密感将进入完全不同的层次。

重视自己的人际关系需求

共感人必须在“出去”与“进来”的能量之间找到平衡。我们因为人太好，经常对家人、朋友、配偶、孩子付出太多，把自己弄得精疲力竭。我们帮太多忙，过度给予，但得到的不够多。为了保护自己的能量，绝对要找到平衡之道。除了付出爱，也要获得爱，这才是一段令人满意的关系。

知道自己的需求，有办法说出自己的需求，对共感人而言是很强大的自我保护机制，这样你才有办法尽全力投入一段关系。如果目前是单身，你可以趁现在找出自己的需求，这样约会或拥有伴侣时，就清楚知道该往哪个方向走。感觉有事情不对劲，可以和伴侣讨论，不要一个人默默承受。替自己发声等同于找到力量。默不作声只会使你在一段感情中感到疲惫、焦虑，不被当成一回事，你的基本需求就无法被满足。你的伴侣不会读心术。为了自己好，你得把话说出口。接下来的练习可以协助各位发声。

共感人自救法

找出并表达你的情感需求

缓缓规律地呼吸，让自己的心平静下来。倾听自己的内心，感受共感人的需求被听见的喜悦。

接下来，问自己：有哪些事我害怕开口要求，但我在一段感情中需要那些东西？我希望伴侣一定要照顾到我敏感的哪一面？怎么样才会让我和别人在一起时感到最自在？在内心问自己这些问题，或是其他你想到的问题，接着用直觉找出答案，不要试图用理智推演。听从你的身体，聆听身体的信号，让顿悟的感受与直觉的答案冒出来。请特别留意让你感到充满力量、受到保护的直觉答案。

保持开放的心胸，不要筛选答案。你希望多一点独处或安静的时光吗？你希望偶尔自己睡吗？你想多出去玩、多聊一会天、多一点性爱？让你的直觉涌现，不要批判，找出真正的感受。没什么好丢脸的，没必要压抑，好好重视身为共感人的需求，温柔地接受自己所有的小毛病与敏感。让美好的感受鼓励自己真诚地面对自己。

找出自己对什么事感到舒服（与不舒服），拒绝负能量，保护自己。完成这段问答之后，静静地坐几分钟，享受处于好心情的感受。

完成冥想后，在日记里写下你找到的关系需求。如果你单身，找出关系需求是一件好事。如果已经有伴侣，逐渐说出你的需求，让爱你的人更了解如何支持你。

* * *

共感人有可能拥有美好的伴侣关系。伴侣关系可以促进安全感及爱的感受，让我们坚定地活在世上。婚姻或任何形式的神圣结合，双方都要服务对方，奉献自我，每天加深温柔、热情与爱意。伴侣关系是一种灵性经验，从对方身上学习，分享自己的心，好好照顾彼此。为对方着想，忍耐是不可或缺的。伴侣关系如果能把拥有这些特质当成第一要务，定下真诚沟通的目标，共感人将感到幸福快乐。

共感人誓言

在接受自我的宁静状态中，告诉自己：我有权处于令我感到舒服、充满爱意的关系中。我有权表达自己真正的需求。我有权请别人尊重我的敏感天性。我有权让自己的声音被听见。

5

远离“自恋狂”、“愤怒狂”、“控制狂”和“受害者”

共感人心胸宽大，对人很好，特别容易招来“能量吸血鬼”，敏感人士需要做好预防措施。我发现对我的共感病患来讲，有的人际关系正面，令人活力充沛，有的则使他们精疲力竭。有的人会吸走共感人体内的正能量与宁静，我称这种人为“能量吸血鬼”共感人。工作上、家里或是生活中的任何领域，“能量吸血鬼”会耗损你的身体与情绪能量。特别有害的“能量吸血鬼”会让你相信自己不够好，不值得别人爱。在这种人身边，你会蹑手蹑脚，生怕对方情绪爆发。有的“能量吸血鬼”则会羞辱你、责怪你，让你以自己为耻。他们会说：“亲爱的，你今天看起来好累又好老”或是“你太敏感了”。突然间，你感到自己仿佛有问题。

本书要教大家做一件最基本的事，就是找出生活中的“能量吸血鬼”，学习有效应对那种人。你的人际关系质量将大幅改善，不再被他们吸光元气。不要让“能量吸血鬼”突袭你。拟定好计划，尽量别把他们的恶言恶语放心上，就算他们是故意讲给你听也一样。对抗“能量吸血鬼”通常很费劲，但是你必须夺回你的力量，保护自己的敏感天性。记住：“吸血鬼”被恐惧与不安所驱使，他们惹恼很多人，消耗很多人的精力，不是只针对你而已。

自我评估

如何判断自己是否碰上“能量吸血鬼”？

留意以下征兆：

- 你感到疲倦、想睡觉。
- 突然心情很差。
- 身体感到不舒服。
- 不想被看到、被听到。
- 想吃糖或碳水化合物来提振心情。
- 开始质疑自己、批评自己。
- 先前不觉得，但突然开始焦虑、愤怒、负面思考。
- 觉得丢脸、被控制、被评判。

有的人会吸引到特定类型的“能量吸血鬼”，原因是双方有共通、需要疗愈的情绪问题，进而建立起不健康的“伤友关系”，两个人重复互相伤害。那种关系会带来心理上的畸形安慰，因为你们都懂那种情绪问题，也习惯了那种问题。你因此依恋有毒人士，无法放手，不断卡在痛苦的循环中。举例来说，你可能因为自尊心不高，吸引到爱批评的人，而爱批评的人，吸引到他们可以贬低的人。要小心，不要永远陷在“伤友关系”里，而是改成让这些人（可能是你的朋友、同事、配偶或任何人）激励你，让你意识到自己的问题，治愈最初的伤口。这么一来，你就可以从这样的人际关系毕业，找到更圆满的关系。

七种“能量吸血鬼”

我当医生的二十多年间，归纳出七种主要的“能量吸血鬼”。各位要小心这七种人，他们对共感人来说特别危险。

1. 自恋狂

所有的“吸血鬼”中，自恋狂对共感人来讲危害最大。我是指那种百分之百的重度自恋狂，不是只有一两个自恋特征的人（轻度者可能比较具有同理心）。我所说的那种自恋狂，以为整个世界都要绕着他们转，过度膨胀自己的重要性，自以为是，随时都要成为注意力的焦点，需要别人无止境地赞美他们。你必须恭维他们，他们才会认可你。此外，自恋狂也可能拥有非常强的直觉，但他们靠直觉来操控他人，达成自己的目标。自恋狂会对共感人造成非常多的伤害，因为他们几乎或完全不可能给予无条件的爱。如果你不顺着他们的意，或是有不同的意见，他们就会冷漠以对、惩罚你、不再表露爱意，或是冷战，时间可能长达几天或几周。

关于自恋者（以及反社会人士、心理变态者）的科学研究指出，这样的人有“同理心缺失症”。你开始疏远时，重度自恋者会利用类似同理心的手法，得到自己想要的东西，但他们的同理心其实不可靠或不切实际。自恋狂很有魅力，很具说服力，知道该说哪些话在情感上引你上钩。如果你试图离开，他们则会讲一些甜言蜜语，让你回心转意。一旦你上当，他们的“同理心”就会消失不见。他们对人好，永远是有条件的。你一回去，他们又会变回那个以自我为中心的人。

为什么共感人和自恋狂之间有着致命的吸引力？我在大量病患身上见过这种有害关系。共感人必须认清和自恋狂在一起的严重性，了解自己一直被什么样的特质吸引。共感人被自恋狂的魅力迷住，相信他们口中的爱。自恋狂往往表现得似乎拥有丰富的情感，但其实他们只爱自己。令人困惑的是，自恋狂看起来聪明、风趣、体贴、大方，在亲密关系中，却一下子就露出真面目。

自恋狂容易盯上共感人。为什么呢？因为共感人敏感、体贴、天真，甚至是很好骗，很容易就能吸到血。共感人缺乏多数人拥有的防卫心。由于自己天生具备同理心，以悲天悯人的心看这个世界，很难相信自恋狂缺乏同理能力。共感人本身富有同情心，以为别人也一样，想用爱来感化自恋狂。我得说出残忍的事实：那种做法行不通，就像期待没有心的人懂得如何去爱一样。

和自恋狂在一起的问题是，你很难脱离这段关系。我见过有的共感人花了数十年才成功。一位共感工作坊的学员告诉我："我和一个自恋狂结婚十年。这段关系令我感到自己的灵魂被一片一片慢慢撕碎。我终于离开时，整个人几乎垮掉。"这位成员并未夸大。自恋狂会让共感人觉得身体生病与心理忧郁，还会打击你的自尊心，直到你再也不相信自己。心理治疗对自恋狂起不了太大作用，因为他们永远把问题怪罪到另一方头上，不认为自己有什么责任。

自恋狂有时会使用所谓的"煤气灯"情感操纵手段：刻意设下使人疯狂的情境，扭曲一个人对于现实的观感，接着抓住那些疯狂反应不放，质疑你精神不正常。自恋狂喜欢改写过去，或是否认曾经发生过某件事，认为别人的担忧都是无稽之谈。不幸的是，许多受害者相信自恋狂的说法。

共感人自救法

别让自恋狂伤害你

- 不要期待自恋狂能理解别人的感受。
- 不要让自己被操纵。
- 不要期待自恋狂会尊重你的敏感天性——他们极度冷酷无情。
- 不要爱上自恋狂：不论你感受到多强烈的吸引力，快逃。
- 避免替自恋狂老板工作——要是走不了，不要让你的自尊随着老板的反应起伏。
- 满足自恋狂的自大心理：提出请求时，说出那对自恋狂会有什么好处。这是唯一能和自恋狂沟通的方法。举例来说，如果你想请几天假，参加和工作有关的大会，那就告诉老板："这场大会将让您的事业如虎添翼"，而不是"我会不在办公室"。若要顺利沟通、达成想要的结果，方法就是让自恋狂明白，你想做的事对他们有利。
- 尽量切断所有的联系：结束跟自恋狂之间孽缘的方法

（或是任何你想斩断关系的人），就是完全断绝来往。继续前进，永远不要回头。

2. 愤怒狂

愤怒狂这种“能量吸血鬼”，靠控诉、攻击与控制他人解决冲突，通常以怒吼的方式说出心声。我们在第四章提过，共感人受不了嘶吼，吼叫甚至会让我们感受到身体上的疼痛。愤怒狂在最亲的人面前最肆无忌惮，任意宣泄情绪，讲出事后会后悔的话，例如“你这个老婆糟透了”、“我对你没感觉了”。共感人柔软的心会被这种话撕裂。愤怒狂会打击共感人的正面性格与自尊，留下创伤。

大吼大叫、争论、噪音、爱讲话的人，经常让共感人经历感官超载。那也是为什么我不让别人在我身旁发泄怒气的原因。有一次，我正在等一个朋友讲完电话，她突然烦躁起来，对着电话另一头大吼大叫。我感到像是被有毒的能量淋了一身，朋友的愤怒让我遭受池鱼之殃。事后我告诉她：“我是共感人，你的愤怒影响到了我。我觉得很疲惫，请你以后不要再做这种事。”谢天谢地，我的朋友听进了那些话，以后不曾在我身边发过脾气。

有一次，我甚至饭吃到一半起身离开。我和朋友在外面吃午餐，一个男的突然对着妻子暴怒，他的愤怒让我不舒服。碰上这种事的时候，我极度保护自己的能量，我只得告诉朋友："不好意思，我累了。"接着彬彬有礼地离开。场面很尴尬，但我选择把自己的健康放在第一位，我的健康比"社交礼仪"来得重要，我坚持这样的原则。

我有一位共感人病患提到争执令他出现的反应："我在女友家吃晚饭，她的家人突然对桌边的另一个人尖叫，我吓坏了。我女友说：'噢，我们家讲话都这样，很正常。'那样的负能量令我感到疲惫，但我不知道该如何是好。"不用说，许多共感人都有和他一样的感受。我们需要时间从怒气中复原。一定要给自己一段时间静下心，接着对所爱的人表达我们受不了争执的需求。

共感人设下自己和愤怒狂之间的界限时，一定要明白"抒发情绪"和"倒情绪垃圾"不一样。"抒发情绪"等愤怒表达法是健康的，共感人能承受这种方法。有的表达法则是有害的，"倒情绪垃圾"会让共感人留下创伤。举例来说，如果另一半在生你的气，想说出自己不满的事，请他们先征得你的同意，告诉你："我有一个请求。有一件事我得说出来。现在讲可以吗？"事先预警可以让共感人做好心理准备，以免情绪突然间被挟持。接着你可以选择要立刻讨论，还是晚一点再说，给自己足够的时间稳定心情。

以下是沟通愤怒情绪的几项原则，不论是表达自己的感受，还聆听他人的时候都适用。你可以身体力行，并和亲人分享这些原则。

了解“抒发情绪”和“倒情绪垃圾”不一样

抒发情绪是健康的行为，有一定的时间范围。抒发感受的原则包括：

- 一次只讲一件事。
- 不要一直重复同一件事。
- 不要责怪别人。
- 不要陷入受害者模式。
- 自己也要负起责任。
- 对于该如何解决，保持开放的态度。

倒情绪垃圾则是一直讲一直讲，令人感到有害。倒情绪垃圾的人有以下特征：

- 一次轰炸很多事，让另一方受不了。
- 不断讲着同样的事。
- 责怪他人。
- 扮演被害人角色。
- 都是别人的错，自己没错。

- 一定要按照他们的意思解决问题。

此外，表达愤怒时，可以利用以下的基本定心原则，让各方更有安全感，觉得受到保护，才能有效处理愤怒狂。

共感人自救法

面对愤怒狂时，要保护自己

- 让愤怒狂知道，你听见了：接下来，等对方冷静下来，再提议好好解决问题，告诉对方："我想帮你，但你处于这种状态时，我很难听懂你要什么。"不要和他们一起大吵大闹。

- 与亲人约定好"不吼叫"：至少不要在你身旁吼。解决冲突不一定要大喊大叫。

- 保持冷静：被激怒时，不要吼回去。冲动的反应只会使你疲惫，雪上加霜。

- 被激怒时暂停一下：数到十，中场休息，停下"战或逃"反应。冷静下来之后，再回应他人的愤怒，要不然对方会把更多怒气发泄到你身上。

- 不论采取何种形式的沟通，都要收敛自己的情绪，包括信息、电子邮件、电话：选择要和对方对话时，请掌控自己的情绪。

- 想象自己是一扇开启的窗，空气自由地流通：同理，让别人的怒气通过这扇打开的窗户，不要让怒气卡在你身上。

• 如果对方不肯停止吼叫，自己先离开现场，或是要求对方离开。

3. 受害者

带有受害者心态的“能量吸血鬼”，会觉得“全世界都对不起我”，共感人会因为这种态度而心力交瘁。“受害者”的人生碰到问题时，不觉得自己有责任，自己会这么惨都是别人的错。共感人经常温柔地照顾“受害者”，试着帮他们解决问题，下场自然就是累死自己。受害者听到或许能解决问题的方法时，典型的反应是：“是没错，可是……”共感人会因此感到受挫，最后不回信，不接电话，刻意避开这种需索无度的人。我们很想帮忙，但受害者停不下来的抱怨，多到让生性敏感的人无法承受。共感人必须学着划清界限，不让有受害者心态的人入侵，小心不要让彼此的关系演变成共依存症，让自己变成受害者的“治疗师”。

共感人自救法

远离“受害者”

• 设下具有同情心，但清楚的界限：态度温和时，别人才会更有可能听进我们说的话。

• 运用“三分钟电话法”：听亲朋好友说一下话，接着告诉他们：“我支持你，但如果你一直讲同样的事，我顶多只能听几分钟。也许你该找治疗师协助你。”

• 面带微笑拒绝：对方如果是同事，你可以带着微笑告诉对方：“我会保持正面的心态，期待最好的结果。不好意思，我还有其他事情要做，得回去做事了。”如果是亲友，针对他们的问题，说几句话表达同理心，但接着就面带微笑拒绝讨论下去，试着改变话题，不要鼓励他们继续抱怨。

• 利用肢体语言设界限：交叉双臂，移开视线，暗示对方你正在忙。

4. 热爱小题大做的男男女女

这种类型的人永远都在“小事化大”，敏感人士无法负荷那种情绪重担。信息太多，刺激太多，共感人消化不了。装腔作势的人让我们疲惫不堪。有的人就是对小题大做成瘾。

不要助长这种性格。我的病患柔安在生一个朋友的气，那个朋友每次都用各种理由，在最后一分钟取消两人的计划。有一次说自己牙齿痛到差点昏倒；有一次是钱包被偷，得上警察局；再来又出了小车祸，人没受伤，但在急诊室待了一整天。柔安被这个经常爽约的朋友弄得很累，不想再陪着玩下去。喜欢小题大做的人，只要别人有反应就会更起劲，但只要我们不随之起舞，他们再怎么演也没用，我们要记得永远保持镇定。很快地，对方就会感到无趣，去找下一个能够满足他们表演欲的人。

共感人自救法

小心小题大做型的人

- 不要问他们过得好不好：你不想知道。
- 深呼吸：一旦他们搬出那套戏码，深呼吸，冷静，不要陷进他们的故事。
- 设定温和但坚定的界限：譬如，告诉一直放你鸽子的朋友："怎么会发生这种事，真是太不幸了，我看我们暂且不要重约时间。等过一阵子你状态比较好，有办法出门了，我们再约。"设定界限，把话说清楚，以免强化对方的行为。

5. 控制狂与爱批评的人

这种类型的“能量吸血鬼”，总是别人没问他们，就提供一大堆意见：“你知道你该怎么做吗？”接着不管你想不想听，他们都会说下去，不然就是挑你的毛病，说你哪里“做错了”，例如“你又忘记收碗盘”、“你真该学学怎么好好停车”。共感人可能会把控制狂的批评放在心上，缺乏自信的共感人尤其容易如此，最后感到受伤、忧郁、疲惫。记住，提意见的人只会出一张嘴，而且意见是主观的。虚心接受当然好，但如果是不具建设性，或是缺乏逻辑的评论，那就一点用处也没有。整体而言，批评会消耗共感人的精力，尤其是不停唠叨的在鸡蛋里挑骨头。

共感人自救法

小心控制狂与爱批评的人

- 自信一点，但也不必规劝这种类型的人，他们只会保持防卫心。只需告诉他们：“你的意见很宝贵，但让我要自己想一想该怎么办。”

• 客气地要求对方不要再批评你：态度保持坚定，心情不要受影响，不要扮演受害人的角色。

• 如果你在控制狂或爱批评的人身旁感到自卑，找出是什么事导致你没自信，把注意力放在解决那个问题上：你越有安全感，“吸血鬼”就越伤不到你。

6. 讲个不停的人

长舌妇、饶舌公说个没完的口头攻击，会让共感人丧失活力。我试着避开这种人，因为他们会刺激我的神经与情感。他们困住你，一直讲自己的事，中间都不必喘口气休息，也不会让你有打断他们的空档，甚至会往你的方向靠，侵犯你的个人空间。你往后退一点，他们又往前靠，你根本无法逃脱。有人开玩笑，应该要有说话成瘾者专属的十二步骤疗程，成立“讲个没完无名会”。

共感人是很好的倾听者，但他们常犯的一个错误，就是忍耐喋喋不休的人太久，最后把自己弄得疲惫不堪。为了自我保护，一定要小心这种想要取悦别人的天性。每个人都喜欢跟共感人说自己的人生故事，因为我们是如此聚精会神地倾听别人讲话。然而，碰上习惯性饶舌的人，我们必须设定界限，远离长舌者是照顾自己的基本方法。

共感人自救法

别让说个没完的人消耗自己的精力

• 非口头的暗示没用，长舌型的人没感觉：只是拿出不耐烦或焦躁的样子，不会有效果，你必须打断他们，再难开口也得开口。

• 讲话要得体：虽然你真的很想说："闭嘴，你快要把我逼疯了。"这种话只会惹恼对方，让对方萌生防卫心。微笑，和善地告诉对方："不好意思，我打断一下，但我得和派对上的其他人说话"，或"我有事，先走了"。我常用的礼貌借口是："我去一下洗手间。"

• 提出请求：如果是家人或同事，用不带责怪的中立语气让他们知道："我也想加入讨论。如果你能让我说出一些看法，那就太好了。"用诚恳的口气表达这类信息，对方会比较容易接受。

• 利用幽默感：如果是很熟、不会不高兴的人，你可以用开玩笑的方式告诉对方："时间正在滴答滴答地流逝。"有一次我讲话时间太久，我的好友就是用这句话提醒的我。

7. 消极反抗型的人

消极反抗型的人带着微笑表达愤怒，粉饰太平，但共感人通过直觉就能感受到他们笑里藏刀。这种人经常拖拖拉拉，不小心“忘记”一件事，然后替自己没遵守诺言找借口，表面真诚，但其实不值得信赖。他们什么都说好，但说话不算话。更麻烦的是，自恋与消极反抗的特质，经常出现在同一个人身上。这对共感人来讲是双重的危险。

消极反抗的行为包括：你的伴侣老是忘记你的生日，即便他们知道你相当重视庆生；朋友明明知道你在节食，却带杯子蛋糕当伴手礼；发出噪音的邻居答应会小声一点，却没做到；一起进行的项目，同事一直说：“我晚一点儿会回复你”，但都没回，要你追着他们跑。此外，消极反抗型的人有一个明显的特征。他们喜欢嘲笑你，然后说：“开个玩笑都不行吗？”此外，他们得不到想要的东西时会生闷气，口头上却说：“一切都很好。”共感人比较单纯、直接，这种说话方式会让他们弄不清楚发生了什么事。

共感人自救法

如果碰上消极反抗型的人

- 不要怀疑自己对消极反抗者的反应：他们虽然把愤怒藏得很深，不代表你感受到的怒气不是真的。相信你的直觉。
- 找出行为模式，和对方谈他们的行为。
- 一次只解决一个问题，消极反抗型的人才不会觉得你在攻击他们：举例来说，如果你需要有人帮忙，朋友一直说“好”，却一直没做到，请用不带情绪的语气告诉他们：“如果没办法的话，真的没关系。”然后看他们如何回应。他们可能会说：“抱歉，抱歉，我的杂事太多了，我这就来帮忙了。”看看他们的行为是否真的有所改变。如果还是和以前一样，你可以再提一遍，或是干脆承认这是一个靠不住的人，不要再请他们帮忙。
- 如果得不到直接的答案，请对方说明自己的立场：针对对方的行为，找出解决办法。和消极反抗者把话讲开，可以逼他们表明立场。

请利用以上策略，在生活中处理七种不同类型的“能量吸血鬼”。让有力量的人是你，而不是他们。清点一下平日都是谁给了你能量，谁又把你给吸干了。你可以列出个清单，找出工作、家庭、朋友、周遭关系中哪些人属于哪个类型。如果是吸走能量的人，或许应该决定完全切断关系。如果没办法切断，比如说家人，那就决定好你要运用哪些策略，然后加以贯彻。学着和情绪吸血鬼划清界限，可以保护你的敏感性格，同时提升整个人的幸福感。

处理情绪宿醉

即便已经和“能量吸血鬼”设下绝佳的界限，共感人依旧很容易碰上“情绪宿醉”，也就是互动过后残留在体内的能量。有毒的情绪很可能一直留存，让我们疲惫不已、头晕，甚至生病。共感人和“能量吸血鬼”交手之后，通常需要花时间恢复。各位可以试一试以下处理宿醉症状的方法。

共感人自救法

情绪宿醉处理法

- 做淋浴冥想：淋浴时，站在洒水的莲蓬头下，说出以下的祈祷（在心中默念或大声说出来）：“请让水洗净我身心灵中所有的负能量。”感受不断淋下的清水洗涤你，使你恢复精神。

• 借助宝石的力量：随身携带或佩戴宝石，如黑碧玺、紫水晶、黑曜石，稳住自己的能量，祛除情绪宿醉。我个人随身佩戴玉观音项链。在中华文化里，观音大慈大悲，救苦救难。玉的颜色会随着我身上的化学物质与情绪而发生变化，逐年转换颜色，我很欣赏这一点。

• 在屋内焚香：在美洲原住民文化中，燃烧草药或带香气的植物称作“烟熏”，可净化空间内滞留的负能量。我喜欢烧茅香，美好的气味在空气中流动时，我感到自己女性的一面得到滋养。鼠尾草也很有效。我平日也会捡柏树、尤加利、杜松的小树枝回家烧。各位可以实验各种植物，看自己对哪种香气有反应。

• 使用负离子产生器或盐灯：此类装置可以产生负离子，清除空气中的灰尘、霉菌孢子、花粉、气味、烟味、细菌及病毒。此外，也可以清除家中、办公室或其他地点残留的负能量。淋浴的流动水流也能产生负离子。

• 点白蜡烛：可带来冥想的心情，快速驱散周遭令人不舒服的气。白色包含光谱中所有的颜色，可制造安详宁静的气氛。

• 洒玫瑰水或使用任何类型的芳香疗法：玫瑰水细致的香味令人心旷神怡，特别能抚平我的情绪宿醉。吸薰衣草、绿薄荷的精油香气，也能振奋精神。挑一款精油，放进精油喷雾器，让空中散布芬芳香气。试试薰衣草、绿薄荷、杜松、鼠尾草、乳香或没药。香气将净化你的能量与房间，请让自己体验那份美好的感受，但记得不要使用人工合成精油，因为成分中含有毒性。

• 走进大自然：拥抱一棵树。光脚踩在地上，或整个身体躺在地上，让自己接地。享受花朵带来的喜悦情绪，握一块石头在手中，呼吸新鲜空气，治疗情绪宿醉（吸氧气也可以治疗酒精宿醉）。大自然纯净的力量可以让你神志清醒，改善情绪。

• 布置神圣的冥想空间：在安静的角落摆上蜡烛、薰香、鲜花，或是一张简单的桌子就好。在神圣的空间冥想，可以保护并累积正能量，很适合治疗情绪宿醉。

• 寻求情绪支持：如果有害互动带来的负能量一直不散，你可能需要额外的协助。和朋友或治疗师聊一聊，说出不舒服的感觉，驱散遗留的负能量。

共感人要努力的目标是不让自己被“能量吸血鬼”侵扰，这样才能获得最大的健康与幸福。除了运用本章提到的方法，我强烈建议各位持续疗愈自己的情绪问题。吸引力法则说我们散发什么样的气，就会吸引到什么样的气。我们有可能散发正面的气，也可能散发负面的气，因此，当我们自己内心有未解的问题时，就有可能吸引或吸收到他人的负面情绪。那也是为什么我们会对某些人的能量特别敏感，对其他人却不会。我们越是主动处理自己的恐惧、愤怒、焦虑，就越不会吸收到同类的情绪。我自己是共感人，我把自身的情绪疗愈放在第一位，也不想承担他人的情绪问题。自从我身体力行这个原则后，整个人豁然开朗了起来。

我认为我们生活中出现的每一种情绪、碰到的每一个人（包括“能量吸血鬼”），都是精神导师，或“可敬的敌人”。他们教我们克服负面能量，疗愈自我。他们教我们设界限，学习更爱自己。当然，没人想要有害的关系，但要是碰上了，就尽一切所能保护自己，并且当个宽宏大量的人，学习宽恕那些忘记如何去爱的人。

共感人誓言

我会保护自己的能量，不让吸血鬼吸走。我会学着设下健康的界限，在正确的时机说“不”。我将聆听自己的直觉，找出哪些人际关系可以滋养我的心灵。

6

原生家庭造就的敏感儿童

生孩子是所有人一生之中责任最重大的抉择，不过对共感人来说，挑战又更大。大量增加的感官感受，加上育儿忙碌，很容易使我们敏感的神经系统过载。尽管如此，已经为人父母的共感人病患与朋友都说，他们发觉养育孩子带来的报酬远胜过压力，孩子是他们的生命之光。

孩子对全天下的父母来说，无疑是一份珍贵的礼物。孩子除了带来亲情与家庭感，也带来惊奇、温柔、乐趣。爸爸妈妈如果是共感人，他们在养育孩子时会感到极大的喜悦，心灵获得滋养。为人父母者，有机会参与生命的起源。共感人天生会照顾人，也喜欢照顾人。他们提供神圣的贡献，引导儿女成长。另一方面，孩子也让父母得以成长，有机会培养耐性、设定界限与学习爱人。

共感人只要先懂得照顾自己，便能成为最棒的父母，拥有同情心和超强的直觉，有能力协助孩子处理自己的敏感性格。

然而，事情总有正反两面。即便为人父母有种种好处，育儿也会带来层出不穷的压力。即便你很幸运，有另一半、家人、保姆帮忙照顾孩子，也是一样。共感人天生就容易感官超载，必须留意伴随育儿而来的各种压力源，包括独处的时间变少、必须花更多时间社交，以及每天行程被挤得满满的，永远在准备孩子的食物、换脏尿布、睡不够，孩子哭闹免不了带来高分贝的噪音。等孩子大了之后，共感人父母又开始面对大量的派对、孩子的朋友到家里过夜、脏乱的房间，以及学校活动。一位共感人告诉我："我协助另一半抚养他和前妻的美丽孩子。我喜欢孩子，孩子被交给我照顾是一份珍贵的礼物。乱哄哄的生活很难熬，但也很值得。我最大的牺牲是我失去了时间与自由。"

基于种种因素，各位决定是否生孩子时，最好仔细衡量各种好处与压力。有的共感人决定不生孩子，因为他们对当父母不感兴趣，或是知道自己的敏感天性会受不了。有的共感人选择只生一个，也有共感人觉得当孩子的叔伯阿姨、干爹干妈或导师就好，花的时间与精力少一些，但依旧能享受到天伦之乐。

生孩子是“深思熟虑后的结果”+“命中注定”

由于共感人生性相当敏感，一定要想清楚了再生小孩。我平日协助病患考虑当父母的优缺点，不能光用浪漫的眼光来看待这件事，一定要先弄清楚有了孩子之后，会对自己的神经系统、隐私、敏感天性造成哪些影响。直觉可以协助我们做出适当的决定。我会引导病患探索直觉，确认生孩子是不是一件对的事。各位也可以采取以下两种方法，凭直觉引导自己找出答案。

冥想练习

方法一：听直觉说话

找一个安静祥和的地方召唤你的直觉，在心中问自己：“生孩子是最好的选择吗？”接着听心中的声音如何回答。

- 如果直觉回答“是”，你会感到神清气爽、轻松自在或兴奋。
- 如果直觉回答“不是”，你会感到心中一沉或不舒服、不安、心中一紧，感觉自己在强迫让事情成真，或是碰上阻碍。

直觉将协助你做决定。你想生孩子的原因，只能是你想要孩子，不能是你想讨好渴望儿孙满堂的父母，或是社会期待你生小孩。当然，你做好决定后，依旧会感到焦虑，这很正常，不过最基本的步骤是一定要先通过直觉这一关。此外，你和另一半也应该达成协议。如果无法意见一致，请寻求治疗师或导师的协助。

冥想练习

方法二：冥想未出世的孩子

找一个安静的时刻，冥想你与未来的孩子沟通。共感人具备高敏感度，通常能够做到。你可能直觉感到有一股生命力在接近，你们彼此想要相会，或是感受到一阵快乐。如果你体验到这样的直觉，或是其他证明你和孩子之间有联结的感受，这是直觉在强烈告诉你应该考虑生孩子。我那些受孕困难的病患通常以这样的方式和孩子接触后，告诉孩子："你好小宝贝，我们全心全意欢迎你的到来。"这种正式的介绍与邀请，可以大幅减少受孕的困难。

* * *

生孩子是个人的选择，但也要看身体条件和心理条件。我们有时注定要照顾某个特定的孩子，上天送他来的用意是帮助你，促使你诞下或收养一个孩子，与你建立强烈的联结。我遇到过有的夫妻在生完孩子后就分开，仿佛两人结合的主要目的仅仅是把生命带到世上。此外，和配偶一同扶养他们先前和别人生的孩子，或许也是你的命运。各位在考虑此生要不要扶养孩子时，请记得把以上所有相关的变量都考虑在内。

共感父母的应对技巧

为人父母常见的压力，在共感人身上都会被放大。你要如何在很容易被刺激过载的情况下，平衡工作、伴侣关系、孩子、家人、朋友之间的关系才不至于抓狂？共感人若要胜任当父母的任务，一定得有抵抗压力与过度刺激的策略。当然，所有为人父母者都得掌握这样的策略，然而共感人特别容易陷入压力、焦虑、感官过载的循环，有无舒缓压力的对策，可能决定他们精神上能否承受当父母、能否幸福快乐。

做父母的人，每天过着鸡飞狗跳的生活，但是共感人需要稳定有秩序的生活，精神上才有办法支撑。请依据一套可靠的策略，协助自己以更具建设性的方式面对养育孩子的挑战。

高敏感体质好坏参半。父母的共感力在心理层面，对亲子双方都有好处，然而父母自己的身体健康将受到冲击。《健康心理学》（*Health Psychology*）曾刊登的研究显示，共感父母因为必须定期处理孩子的沮丧与失望问题，免疫系统变弱，出现低度的全身性发炎。[1] 也难怪许多医生会建议家长多运动，采取冥想等减压技巧来强化免疫系统。

为了照顾自己，天生同理心强的父母或共感人父母不妨练习以下的策略，释放压力，维持情绪的稳定与平衡。以下策略将协助爸爸妈妈了解，有强烈的情绪没关系，但要留意自己是如何在孩子面前表达情绪的。共感人一旦没有太多中场休息时间，就会感官超载。我建议利用以下方法，在一天之中加进喘息时间，就算是短短几秒钟也好。只要一点点，就能提振能量，带来平静。

为人父母者达成平衡、减少感官超载的十二招

1. 展开一天的生活和工作之前，先让自己念一段感恩的精神喊话：替一天设定正面向上的氛围，而不是紧张兮兮，

想到有永无止境的待办事项要完成。一天开始时，默念或大声说出："我感谢能拥有今天这一天，感谢自己健康状况良好，感激我与'灵'的联结，感谢我的孩子与家人。谢谢你们带来的恩赐。愿我今日保持镇定、愉快的心情，愿我懂得爱人。"

2. 记得要呼吸：匆匆忙忙的生活让人一个不注意就屏住呼吸，或是呼吸太浅，将紧绷感困在体内。在忙碌的一天中，至少为自己安排一段刻意深呼吸的时段，好释放紧张不安的情绪。可以考虑用手机设定闹钟提醒自己。

3. 制造独处时间：为了对抗带孩子的压力，共感人一天至少需要独处几分钟，让自己恢复精神。可以的话，到大自然里走一走，或是待在家中的神圣空间。有时候，在浴室或储藏室里待个五分钟就够了（如果那是你唯一能躲藏的空间）。如果另一半有空，你们可以轮流带孩子。你也可以趁孩子小睡或是和玩伴出游、踢足球的时段，享受独处时光。如果孩子已经上学，暂时不盯着他们也不会有太大危险。你可以关上房门，闭上眼睛，享受一下放慢生活节奏的感觉。

我有一个朋友成立了"保姆合作社"，和邻居轮流带彼此的小孩，这样每个妈妈每周至少享有一个下午的空档。

你可以告诉孩子："爸爸（妈妈）需要一些独处时间。"由于孩子需要你的关注，他们会暂时沮丧，但是照顾好自己的能量，对孩子、对你来讲都有好处。你会变成不那么烦躁的父母。一位共感妈妈告诉我："我能给女儿最好的东西就是让她有一个快乐的妈妈。只要我有自己的时间，就可以当个比较理想的母亲。"

如果你很幸运，有亲友可以帮你照顾小孩，稍微离开一下是一件很棒的事。我认识一位结婚十四年的共感妈妈，两个女儿上中学后，她终于可以去饭店待一个周末了。"我没有参加灵修活动，只是挪一点时间做自己，写写东西，因为我已经忘记自己内在的声音了。"

4. 聆听安抚心灵的音乐：音乐带有治愈、激发与转换紧张情绪的力量，可立即调整能量。当你摇着婴儿哄他睡觉，音乐可以催眠。孩子醒来后，音乐也可以帮助全家每个人稳定情绪。光是听见自己喜欢的歌，就能安抚焦虑的神经系统。当然，独处时，音乐也可以抚慰你。我在一天开始时会听释一行禅师的《大钟咏》，以及恩雅、斯纳塔·凯尔、蒂娜·玛利亚、"哇！"（Wah!）等歌手的灵修音乐。

5. 冥想：找零碎的时间冥想，打破压力循环，安抚神经系统。一位共感妈妈告诉我："冥想后，我比较镇定，不会被闹脾气的儿子搞到心神不宁。"各位可以趁家里有人或保姆照顾孩子时，做一下本书第二章"三分钟心的冥想"。开车出门办事，把孩子送到目的地后，也可在车里冥想。万一公共盥洗室是唯一的私人空间，那就在里面冥想。你可以在家摆一个小喷泉或是有水的摆设，让周遭环境充满宁静的流水声，安抚你和孩子的情绪。

冥想时，你可以专心想着升华心灵的景象，如海洋、夜空、森林。也可以试着专心想自己有多爱孩子，生命里有他们真是奇迹。在碰上压力的时候，唤醒心的能量。呼吸，稳住自己，感受你的心，重新与自己以及更高的力量联结，轻轻把累积的压力呼出去。短短的冥想，就能有惊人的复原功效。

6. 小睡一下恢复体力：如果家里的孩子还小，孩子小睡片刻时，你可能想抓紧时间洗衣服。这种时候，其实也是你小睡一下恢复体力的好时机。只要睡二十分钟就能提振精神，让你撑过忙碌的一天。睡眠期间，共感人就能轻松接收到疗愈的能量，衣服可以等晚点再洗。

7. 设立界限：设下明确的界限，尽力执行。跟自己的孩子设定界限，或许是天底下最困难的事，但拒绝孩子无理的要求与坏行为是一件健康的事。我了解共感父母很难设界限，他们太需要照顾孩子，不断满足孩子的要求，就算不恰当也想办法做到。共感人不忍见到孩子哭，孩子的情绪会穿透他们的身体。然而，懂得管教孩子的父母会说："我知道你想和朋友在社群媒体上聊天，但做完功课才可以上网。"或是："我知道你想吃有糖霜的甜甜圈，但那对健康不好。你要是一直哭，我们只能马上离开这间店。”然后，请准备好抛下你的购物推车离开。

孩子需要界限，才懂得与人社交。没有人可以事事顺心。孩子必须学会处理沮丧的情绪，不然就会变成自以为是的小霸王。父母要是能设定合理的界限，加以执行，家庭气氛会有秩序得多——恰巧也能带来共感人需要的宁静环境。家中每个人将清楚自己该做什么、不该做什么。没有界限就会一团混乱。

8. 别当直升机父母：共感父母通过直觉就知道孩子的感受与想法——通常到了极端的地步。共感父母因此变得过度焦虑，一直围在孩子身边，大小事都插手。这样对孩子不好，孩子也会跟着焦虑，还会开始怨恨父母。共感人应该善用直觉，但小心不要因为无微不至，反而让孩子窒息。放手可以降低你的压力指数。

此外，当孩子心情低落时，不要侵犯他们的情绪空间。你很难眼睁睁看着孩子受苦，但你要给他们时间消化自己的情绪。分清楚哪些情绪是你的，自己的情绪自己承担。此外，也要让孩子学习辨认自己的情绪。孩子有自己的生命课程，请放手让他们按照自己的方式解决问题。我的意思不是父母不该引导孩子，而是不要一下子就跳下去帮他们解决问题，这样只会让他们感到窒息。

9. 稳住你自己的能量：你的能量也会影响孩子的能量。如果能以理想的方式表达自己的情绪，也能稳住孩子的情绪。避免因为心情不佳、感到挫折，就轻易发泄，你只会让孩子跟着沮丧，弄不清楚自己做了什么。一位单亲的共感妈妈告诉我，她因为工作量很大，孩子课后永远待在托管班。这位妈妈发现，如果自己当天工作不顺利，她去接孩子时，孩子一上车就会开始闹脾气。她渐渐发现孩子会胡闹，其实是自己的气影响到了孩子。孩子感应到母亲的焦虑，也跟着焦虑起来。这位妈妈于是下定决心，下班后就停止想工作的事，安排和孩子共度美好的夜晚亲子时光。她做了改变后，孩子也跟着开心起来。妈妈的温柔能量与玩心能让孩子镇定下来。

10. 东西不能乱吃：共感人很容易低血糖（详情请见第三章），可以少量多餐，补充蛋白质，稳住自己的心情，保持稳定的能量。跳过一餐没吃会让我们容易疲惫、焦虑、感官超载。避免吃太多糖分，糖会导致情绪波动，连带把沮丧的心情发泄在孩子与伴侣身上。尽量吃健康、天然的食物，达到平衡的情绪，好好补充能量。此外，酒也要少喝。有些共感父母会因为带孩子压力大，便求助于酒精或药物，如抗焦虑药物（妈妈的小帮手）。不要落入这种陷阱。

11. 靠运动释压：动一动可以缓解压力，让自己放轻松。运动能促使身体分泌内啡肽（身体的天然止痛药），减少压力荷尔蒙。瑜伽、伸展、散步、健行，也是很好的减压法，可以避免感官超载。如果有办法，试着安排和另一半晚上轮流去健身，让两人都有运动的机会。

12. 和孩子一起享受美好的亲子时光：想想孩子是多美好的礼物，不要一直想着带孩子有多烦。有孩子是非常幸福的事。孩子的快乐笑声具有疗愈效果。和孩子一起享受欢乐时光，让你共感的那一面释放压力。

养育孩子是一场非凡的体验，记得随时对自己好一点，接受自己不是万能的。共感人就算没孩子，过量的人际接触也会带来感官超载。你很想答应参加聚会，但为了保护自己的能量，最好婉拒出席非必要的活动。我见过共感父母因为不懂得说“不”，把自己弄到崩溃。养孩子的附带好处是学习照顾自己，懂得说出自己的需求，例如“我需要休息”、“我需要散个步减压”。真正明白照顾自己的重要性之后，有孩子的生活将美好千万倍。

家有敏感儿

孩子如果是共感人或高敏感族，相对于一般人来讲，他们的神经系统会立刻对外在刺激起强烈的反应，有时知道感官超载却不清楚该怎么办。这样的孩子看到、听到、闻到，以及直觉感受到的东西，全都多过一般人，体验到的情绪也比别人强烈，例如他们可能不喜欢做饭与香水的强烈气味，受不了别人大声说话，或是讨厌刺眼的亮光（尤其是日光灯）。他们喜欢柔软的衣物（因为不会扎）、美丽的事物、大自然，只有一两个知心好友，也不是人来疯的孩子。我们残酷的世界，可能伤到这种孩子敏感的一面，连带影响他们的行为。大多数的敏感孩子说不出自己为什么沮丧，明智的父母除了需要协助孩子找到不开心的理由，还得教他们处理不开心的情绪（下文会分享方法）。

敏感儿的爸妈需要找出哪些东西会过度刺激孩子，避免参加特定活动，稳定孩子的心情，孩子就不会疲惫、闹脾气、焦虑不安。常见的过度刺激包括太忙（把孩子的一天排太满，没留休息时间）、一次做太多事、缺乏独处时间、电子游戏、暴力电视节目与新闻。晚间做这些事尤其不好，孩子可能会睡不着，或是需要安抚很久才有办法放松睡着。敏感儿的生理系统比较难从“刺激”过渡到“安静”，晚上需要花更多时间才能平静下来。此外，敏感儿会感受并吸收他人的负面情绪，尤其是父母与好友的情绪。敏感儿是“超级情绪反应机”：受伤会伤得特别深，快乐则会特别快乐。

共感儿或敏感儿和别的孩子不一样，面对光线、噪音、混乱群众，大脑没有相同的筛选机制，例如气氛热烈的运动比赛，可能让他们感到过度刺激。欢呼声、拍手声、嘘声，对他们来讲非常刺耳，甚至会感到痛苦。他们受不了大声的音乐、喇叭声、敲打声或嘈杂的电动工具，这些声音会让他们躁动不安。相较之下，悦耳的鸟叫声、温柔的风声与流动的水声，可以安抚他们的情绪。具有高度共感能力的孩子比较爱哭，他们处理超载情绪的方式是躲起来。

一般来讲，学校和社会不会去体谅这群不寻常的孩子。传统的医生与老师则是给他们贴标签，说他们“害羞”、“反社会”、“神经兮兮”，或是诊断他们有社交恐惧症、焦虑症或忧郁症。共感儿由于生性安静、体贴、内敛、温柔，话不多，不会表现出强硬的样子，别人有可能觉得他们不爱与人来往。共感儿面对种种误解，父母一定要给予支持，呵护他们的敏感天性、直觉、创意与智慧，教他们如何面对这个世界。

我从小就是共感人，我的医生父母并未协助我处理自己的敏感性格。他们不是不爱我，只是不知道什么是共感人，也不知道该如何理解我的特殊需求。爸妈希望我快乐，但他们认为不能鼓励我敏感的一面，总是说我“过度敏感”，教我“脸皮要厚一点”。他们没有恶意，却让孩子自以为有问题。因为我小时候被误解、被当成隐形人看待，所以长大后特别热衷教导父母理解家中敏感的孩子。

让孩子发挥天赋的第一步，就是理解自己的孩子是共感儿或敏感儿，把他们的敏感天赋看成优点，协助他们长大后成为杰出、有爱心、有深度的人。以下的测验可以判断您的孩子是否为共感人。

自我评估

你的孩子是共感人吗?

- 你的孩子是否对事物有特别深的感受?
- 人、群众、噪音、压力对他们来讲，是不是过度的刺激?
- 你的孩子看书或看电影时，是否对悲伤或吓人的画面反应特别激烈?
- 你的孩子是否想逃离家族聚会，因为人好多、好吵?
- 你的孩子是否感到自己和其他孩子不同，或是抱怨自己无法融入?
- 你的孩子是否善于聆听，极富爱心?
- 你的孩子是否凭直觉就懂你或别人的事，这让你吓一跳?
- 你的孩子和大自然、植物、动物（甚至是玩具布偶）之间，是否有特别强烈的联结?
- 你的孩子是否常常一个人静静待着，不会吵着要和其他孩子一起玩?

- 你的孩子是否会跟着朋友一起压力大或沮丧?
- 你的孩子是否会感应到你或他人的情绪与压力，当你生气、不高兴、沮丧时，他们便开始乱闹?
- 你的孩子是否只有一两个要好的朋友，而不是交友满天下?

得分代表的含义：

- 九到十二个“是”，代表你的孩子具备极度强烈的共感特质。
- 六到八个“是”，代表具备强烈的共感特质。
- 四到五个“是”，代表具备中度的共感特质。
- 一到三个“是”，代表具备部分共感特质。
- 零个“是”，代表孩子不是共感人。

不论你的孩子位于共感光谱的哪一边，教他们尊重自己敏感的一面，对所有的孩子来讲都是好事。

敏感男孩会遇上的特殊挑战

共感男孩的日子有时比共感女孩更不好过，因为我们的文化喜欢用刻板印象批评别人，像是“男孩子不能哭”。人们经常羞辱天性温和、充满爱心的敏感男孩，训斥他们“要像个男人一样”，造成敏感男孩长大后以自己为耻。敏感的男性因为承受过多的情绪，或是感应到他人的痛苦，小的时候比较爱哭。开心的时候，或是看见人世间令人动容的事也会哭。他们不喜欢吵吵闹闹的暴力动作片或电子游戏，激增的肾上腺素使他们不舒服。他们会避开橄榄球等需要大量肢体接触的运动，以及拳击等可能受伤的运动，因此有很多活动朋友不会邀请他们。敏感男孩因此感到受伤，觉得无法融入群体。西方文化鼓励男孩勇于冒险，但共感男孩通常不会冒险，反而喜欢安全、可预测的结果。由于他们通过直觉就能察觉危险信号，性格较为谨慎，容易被误解为“懦弱怕事”。

儿子要是生性敏感，做爸妈的必须小心那些和“温柔男性”有关的文化刻板印象，协助孩子接受自己的天赋。举例来说，敏感男性可能被视为女性化、“太软弱”、“不像个男人”。在老派的美国西部电影里，男人的典范是像约翰·韦恩那样的硬汉，不会讲出自己的痛苦与恐惧，不能流泪，不然就是孬种。新型的硬汉不一样。今日的强大男性典范拥有足够的安全感，不怕让人看到自己软弱、温柔、哭泣的一面。会哭的男性不代表他们过于女性化，只代表他们学会同时拥抱人类男性化与女性化的特点，成为一个完整的人。我非常鼓励家长从正面的角度和儿子聊一聊性格敏感这件事——你的儿子体贴、聪明，懂得关心他人，具备创造力，拥有强大直觉，还具备天人合一的能力。你的儿子如果知道爸妈全力支持自己，将有助于培养自尊。

有的敏感男孩很可惜，为了融入同伴，试图成为自己不是的人，或是靠着酗酒或其他成瘾行为，麻痹自己过于强大的共感能力。一位母亲曾告诉我："我个性敏感的儿子在学校被霸凌，精神崩溃，说自己再也不相信任何人。因为被欺负，他不敢踏出家门，不想再受伤。"各位一定要和儿子讨论霸凌问题，让孩子明白那不是他们的错。霸凌别人的人，才是情绪有问题的人；你的儿子没有问题，拥有敏锐的感受并非他的错。当他表现敏感时，绝不可容忍任何人污辱他。你要为他挺身而出，联络校方，让所有的人明白，校园内绝不容许霸凌行为。

情感细腻的父亲是儿子非常好的榜样。就算父亲本身不是共感人，只要他们毫不羞于显露爱心及温柔体贴的个性，就能将正确信息传递给儿子。称职的父亲既强大又纤细，个性善良，不怕向家人表达自己的感受。父母的身教将影响孩子的一生，你要让儿子看到如何活出身心健全的美满生活。

如何支持敏感儿

怀孕期与婴儿期的魔力与压力

有哪些因素可能造成孩子是共感人？有的人还在妈妈肚子里时，就已经是共感人了，他们强烈感受着每一件事，不论是快乐还是有压力的事。婴儿都很敏感，但共感儿出生时，敏感程度就已经高过一般的孩子，对外在刺激会有强烈的反应。从这样的例子来看，共感似乎是一种基因遗传特质。[2] 然而，共感的人格特质有时是幼年教养带来的结果。父母的身教会产生重要的影响，孩子会从父母身上学到共感特质。[3]

从怀孕开始就要支持共感儿。怀孕期发生的每件事都会影响胎儿的成长。事实上，不论孩子日后是否成为共感人，众所周知，胎儿对父母提供的情绪环境相当敏感。研究显示，有的胎儿喜欢听莫扎特，听饶舌歌则会躁动不安。[4] 怀孕期播放能放松心情的音乐，可以同时安抚母亲与胎儿的情绪。

此外，母亲承受的压力程度也会有所影响。研究显示，母亲的压力荷尔蒙会穿越胎盘，在胎儿身上流通，造成孩子“容易受惊”。[5] 怀孕的母亲要是经常与另一半或他人起冲突，胎儿将不得不准备好面对高压的环境，出生后容易出现其他压力相关的症状。

与敏感相关的神经联结会在子宫时期发育。一定要让怀孕女性的周遭环境尽量祥和宁静，使得妈妈与胎儿都沐浴在内啡肽之中。内啡肽是人体内让人感到“幸福”的神经化学物质。冥想、笑声、运动、身处大自然，都能促进内啡肽的分泌。我建议妈妈们在怀孕期及生产后每天做以下的冥想，享受内啡肽带来的好处，让身心灵都感到祥和。

共感人自救法

给妈妈的冥想练习：感受内在的女神

缓缓深呼吸五分钟，把手放在心脏的位置，让心中充满爱意，感谢自己能当母亲。好好体验那份幸福、感激、暖意，以及为人母的感受。母亲是创造的女神。母亲的照顾来自深深的爱意。“母亲女神”存在于你的内心深处，请感受那股力量。她是你的一部分，以一股神秘的力量联结着大地，以及所有的自然循环。许多古老文化都信仰母亲女神。你要赞扬内心的母亲女神，感受她的原始力量，感谢女神存在于你的体内。

你做出反应，胎儿也会做出反应，因此保持正面心态很重要。你让自己镇定，宝宝也会稳定。记得要想着乐观、平静的念头。此外，用谨慎、轻松的方式移动身体。慢慢散步时，胎儿感受到的轻微晃动将使你们都处于放松状态。同理，孩子出生后，轻轻摇晃的动作可以把孩子哄睡。

共感妈妈在怀孕期一定要善待自己，体内有新生命会增强敏感度。想感受宝宝，把手放在肚子上，慈爱地摸一摸，把心的能量传递给孩子。另一半也可以跟着一起做。这等于用充满活力的方式说“你好”，在亲子间建立美好的联结。当你用直觉去感受孩子的存在，伴随怀孕而来的焦虑将消失不见。一位共感妈妈曾与我分享：“我感受得到成长中的胎儿。我的女儿像一只蝴蝶，将翅膀伸展到我腹中的每个角落，我知道一切都很平安。”

共感父亲也必须适应怀孕期升高的敏感度。有位爸爸是身体共感人，他告诉我，他甚至比太太更早出现害喜症状。他无意间用直觉和太太的身体融为一体，于是太太的感受他也能体会。这位爸爸在我们的课程中做了冥想与接地练习之后，就能在妻子与自身的能量之间划清界限，不再那么容易吸收到太太的症状。

孩子出生后，如果你觉得孩子可能是共感儿，尤其要提供他们舒适、祥和的环境。光线要柔和，尽量不要有噪音。喂母乳，以及使用婴儿背巾可以强化亲子间的联结，让你们近距离感受到双方的能量。孩子哭的时候，与其把他独自留在婴儿床里，塞奶嘴或奶瓶给他，不如抱起婴儿喂母乳，这是更能安抚宝宝的方法。

早期创伤对成人敏感度造成的影响

我是个精神科医生，我观察到，如果童年时期曾经受虐，或是父母疏于照顾，将影响成年后的敏感度。本书第一章提过，我治疗过的许多共感患者，童年都经历过早期的身心创伤，造成他们无力保护自己，一生中都比常人敏感。

在愤怒的环境中成长，尤其会影响到性格敏感的孩童。俄勒冈大学的研究人员研究发现，婴儿听见吵架或愤怒的说话声会开始躁动。若是持续处于争吵声中，他们会连带对其他类型的压力起更大的反应，出现睡眠障碍。[6]做父母的人必须了解愤怒与大吼大叫对婴儿的影响，学习控制自己的情绪，用健康的方式表达怒气。婴儿完全离不开大人，没有能力在你生气时走开，于是不得不承受有害的后果。研究也显示，虐待所带来的极端压力源，深深影响着婴儿的脑部发育。为人父母者不可不慎。

我建议所有曾被父母忽视或虐待的共感人，向治疗师或其他合格的人员寻求协助，治疗心中的伤口。我也建议你们，放下过去，不再期待有一天你的父母会改变，不再让有害的恨意及成长过程的痛苦伤害到你。不论你的父母多么无知、多么不懂得爱人，你都要接纳自己的过去，找到平静与幽默感。心中的恨意越少（尤其是对家人的恨），你和你的孩子越可能幸福。

此外，原谅自己在当父母时在孩子与家人身上犯的错，同样有疗愈的效果，也很重要。不必太苛责自己，我们都非完人，但如果在亲人面前显露出不耐烦、沮丧、暴躁的样子，最好立刻改正自己。

多制造正能量，清除恨意与伤痛，深深记住自己当父母所学到的一切，包括自爱、谦逊，以及尊重自己、孩子、另一半的敏感天性。

呵护共感儿的二十个方法

支持敏感儿，赞美他们的能力，是很美好的一件事，能让敏感儿在成长过程中自由自在做自己，现在或以后都乐于当情感丰富的人。以下策略可协助亲子一起成长：

1. 鼓励孩子发挥敏感与直觉的那一面：鼓励孩子在你及其他给予支持的人面前，坦然说出自己的能力。记得要让孩子了解，不是每个人都认可这样的天赋，你要教他们判断可以和什么样的人说。此外，你可以分享自己的共感经验，例如你容易接收他人的情绪与压力。不过要注意的是，我不会过度分享痛苦的细节。重点是你想要给孩子支持的力量，而不是为自己做心理治疗。教导孩子重视自己的独特性，信任直觉感受与内在声音。如此一来，孩子将把自己的天赋看成很自然的事。这样的亲子对话会让孩子感到受重视，更能理解自己出现的反应。

2. 尊重孩子的感受：仔细聆听孩子的感受，尊重他们的感受。也就是说，你可能得偶尔允许他们不去上学，或是让他们更常一个人玩，释放心中过多的情绪。我们不该让孩子养成孤僻的性格，但共感儿需要独处时间。为了健康着想，我们尽量支持这样的需求。如果你的孩子需要爬过餐桌底下，或是离开大型聚会，不要把他们硬拖回来跟大家待在一起。不要因为他们想离开而开口责骂。如果他们喜欢待在旁边看，以避免情绪超载，就让他们静静待着没关系。他们也在参与，只不过是以自己的方式。等众人离开后，你可能会很讶异孩子观察到的事。

3. 让家人与老师理解共感儿的状况：不要让别人批评你的孩子，或是强加价值观在他们身上，比如说，因为你的孩子容易心理受伤或沮丧，就要他们“坚强一点”。家人及其他人可能没恶意，只是需要多了解孩子的敏感性格是怎么一回事。学校环境对共感人不是很友善，请让老师了解你家孩子的特质，说明孩子容易感官超载的情形。此外，万一孩子在学校被欺负或嘲笑，也要请老师协助处理。

4. 信任你的直觉：打开你的直觉，了解孩子的需求。不要质疑内心的声音，或是因为别人说了什么，就决定不听从自己的直觉。在养育孩子的路上，让直觉引导你。

5. 协助孩子留意自己接收到他人情绪的时刻：向儿女解释，敏感的孩子很容易受到身边其他人的情绪影响，程度可能超过其他小朋友。你可以告诉孩子，这就像能感觉到别人看不到的雨云或阳光在某人头上。你可以给孩子看乔·毕夫匹克的图片，那是知名漫画《莱尔·艾布纳》(*Li'l Abner*)中的人物。乔的头上总是笼罩一朵乌云，但他心地善良，只是会给身边的人带来坏运。

共感儿能感受到人们散发的正、负能量，所以当你发现孩子无缘无故情绪转换，或是精力突然增加或减少时，告诉他们这大概是接收到别人的情绪了。当然，如果是跟着心情好，那没关系。但如果别人的情绪让孩子感到不舒服或疲惫，那就支持孩子和对方拉开距离，和孩子聊一聊感受。一旦孩子学会分辨哪些情绪是自己的、哪些是别人的，就不会再那么困惑。

6. 做父母的人情绪要稳定：共感儿容易接收父母的焦虑，想要让事情有所改善，大人要先稳定自己的情绪，避免在孩子身旁流露过分的焦虑。一位妈妈告诉我："如果我很焦虑，我敏感的儿子感受到了，他也会情绪不稳，开始大哭大闹。我的目标是尽量保持镇定。如果我很镇定，儿子就会有安全感。"请特别注意，共感程度高的孩子会出现大人的情绪与症状。同样地，共感父母也会出现孩子的情绪与症状。

7. 不要在孩子面前或他们听得到的地方吵架：敏感儿觉得让父母和睦相处是自己的责任。他们比其他孩子更容易被吓到，也更容易吸收到他人的怒气。焦虑和争执会使他们过度接受刺激。如果你一定得和伴侣或其他人争论的话，就挑孩子听不见的时候。高敏感孩子和高敏感成人一样，吼叫会让他们受伤，误以为爸妈吵架是自己的错。此外，他们会吸收负能量，也想帮忙解决问题，但那不是孩子该扮演的角色。

8. 鼓励孩子安静独处，发挥创意：共感儿非常需要自由活动时间，在那段期间发挥创意，让想象力遨游。共感儿独处时能够充电，让情绪安定下来，减少被过度刺激的可能性。这样的宁静休息时间，具有恢复能量的神奇效果。请支持孩子拥有这样的中场休息时间，方法是不要过度安排孩子的活动，允许他们随时休息，尤其是情绪不稳、哭闹、承受过度刺激的时刻。

9. 传授孩子呼吸与冥想练习：每当敏感孩子感受到压

力，或是发觉自己感染了他人的情绪（包括你的），他们得学会做几次深呼吸镇定下来。此外，也可以闭上眼睛几分钟，想象令人放松的画面，如海洋、可爱的宠物、在公园开心的一天。要孩子一边专心想着那个画面，一边呼出所有的不舒服，接着吸进宁静与快乐。孩子将学会如何打破感官超载的循环，再次稳住自己。

10. 鼓励孩子说出梦境：共感儿通常喜欢分享夜晚做的梦。亲子可以自创早餐仪式，用餐时让孩子详细说出梦境内容，讨论梦境带来的感受和情绪，以及传达了什么信息。举例来说，如果孩子做了一个沮丧的梦，试着找出日常生活中让他们沮丧的源头，排解掉那个情绪。你也可以建议孩子写梦境日记，记录每晚做的梦。除了写，也可以在日记本里画出梦中的画面。

11. 帮助孩子练习升起防护罩，隔离“能量吸血鬼”：鼓励孩子找出哪些人让他们感到疲惫或沮丧，划下健康的界限。对方可能是大人，也可能是其他孩子。举例来说，孩子可以说一句话，避免与“能量吸血鬼”相处：“我得去找妈妈了。”更简单的方法是避免待在发脾气的人身旁，以免被波及。如果躲不了，可以教孩子想象离他们皮肤几厘米的地方，有一个白光防护罩，从头到脚完全罩住他们的身体。向孩子解释，这个防护罩可以隔绝负能量，挡掉令人不舒服的感受，但正能量依然有办法穿透。

12. 用鼓声稳定孩子的情绪：节奏声是可以稳定孩子情绪的原始声音。敏感儿承受过量的刺激或乱发脾气时，亲子可以一起享受击鼓的欢乐时光，以稳定的缓慢节奏模仿心跳声。此外，摇沙铃也能缓解压力。等孩子大一点之后，你们可以加入社区的击鼓社——只要人数不是太多就好。

13. 避免待在会刺激情绪的情境：太多的感官刺激会使得共感儿躁动不安。如果环境中有太多声、光、色刺激，记得限制孩子待在里面的时间，例如迪士尼乐园和其他游乐园。同游的人可能没感觉，但对敏感儿来讲，两三个小时可能就是极限。在“世界上最快乐的乐园”拖着大哭大闹的孩子，可不是什么快乐的事。记得趁游客还不多的时候早点入园，孩子一出现感官超载的迹象就喊停，回旅馆，或是回家都可以。等大家都休息够了、情绪稳定后再回去。

14. 孩子睡觉前，给一段静下来的缓冲期：上床前不要看电视、看手机、上社群媒体、打电子游戏、玩计算机，或是使用任何电子装置。共感儿晚上通常必须花较长的时间入睡。昏暗与安静的环境可降低刺激，孩子会更容易进入梦乡。你也可以唱摇篮曲哄他们。

15. 少吃加工食品、碳水化合物和糖类：少吃此类食物能避免含糖类及碳水化合物造成的情绪波动，降低孩子受刺激的程度。糖会令人亢奋，碳水化合物吃多了还会造成渴求更多的问题。加工食品含有大量化学成分，营养少，不好消化，孩子吃了容易烦躁，过度亢奋或精神不振，专注力下降。敏感儿多半对食物敏感。父母要让孩子了解，他们吃下肚的东西将如何影响心情与精力。

16. 在孩子开始躁动前插手：孩子要是情绪沮丧，眼看就要闹脾气，可以把灯光转暗，让气氛柔和一点。也可以播放放松心情的音乐——摇滚乐、重金属、饶舌歌都不适合。播放大自然的声音，如流水声，有时也可以放松情绪。你也可以要孩子慢下来，做长长的深呼吸，教他们呼出压力，吸进宁静。

17. 利用精油做芳香疗法（避开人工的合成精油）：薰衣草可以放松心情。在孩子的额头正中央抹上一两滴薰衣草精油，或是加热精油，让香味散布在房间内（贩售精油的地点通常也会搭售安全加热精油的装置）。睡前可以泡澡，水中加几滴薰衣草、洋甘菊、檀木或依兰精油，可镇定心情。让孩子想象自己在水中洗掉所有压力。泡澡时加入半杯泻盐也能移除毒素，舒缓压力。此外，晚间洗澡时或是洗完后按摩，也能帮助孩子放松、入眠。

18. 宠物疗法：宠物让人心情好，还能提供孩子无条件的爱。宠物是很好的伴，可以稳住沮丧的孩子，让他们安静下来。共感儿特别喜欢动物，如果他们是动物共感人，甚至还能与动物深层沟通。小狗特别能稳住多动或攻击性强的孩子。

19. 利用宝石：给孩子一块水晶或粉色、黑色的碧玺，让他们握在手中。握住此类宝石会带来安心感，不知不觉中接地气，稳定心情。

20. 帮助孩子调降压力仪表板的指数：除了以上小诀窍，家长也可以教孩子在觉得超载时，做下面的想象练习，稳住心情，打破压力循环。共感儿在家中、学校，或是和朋友相处的时候，都可以做这个练习。这个方法是所有敏感儿的基本工具。

敏感儿的共感人自救法

调降压力指数

孩子感官超载的时候，你可以教他们想象面前的桌上，有一个大大的仪表板，上头有刻度，最左边是“十”，最右边是“〇”。目前指针指着“十”。想象自己慢慢地拨动指针，从“十”开始，朝顺时针方向拨到右边，数字越变越小，直到指向“〇”：十、九、八、七、六、五、四、三、二、一。一边拨，一边感到越来越轻松。你降低了压力，减少了不安的感受。指针指到“〇”的时候，你感到镇定与开心。

孩子如果年龄太小，没办法想象仪表板，你可以画一张图，要孩子指着自己的压力值，接着和他们一起慢慢数，一直数到“〇”。

本章介绍的实用策略，可以让养育共感儿的家庭发现这是一个更镇定、更喜悦的历程。支持共感儿的特殊天赋可以带来幸福。共感儿如果能从小就学习处理自己的敏感特质，他们更能顺利度过儿童期，享受成人生活。从这个角度来看，养育孩子确实是个神圣的责任。

更美好的亲子蓝图

我的梦想是，有一天父母与学校里的教育人士，能够尽早了解共感儿是怎么一回事。家长、老师、大人不该为了孩子敏感而责备他们，反倒应该支持他们的共感天赋，协助共感儿及亲友了解他们的情形。孩子将了解如何面对自己的特质，培养出创意与自信。

我们可以携手合作，欢迎性格敏锐的儿童与成人。高敏感人士心胸宽大，有这样的人当领袖，世界将更祥和。我开设工作坊、写书、提供在线课程与有声书，希望尽量让更多人理解共感人。我想让各行各业的领袖、治疗师及父母了解共感人的情况，以及敏感儿该如何照顾。如果有一天，所有人都能敞开心胸，接受孩子与我们自己美好的敏感天赋，璀璨的未来就在眼前。

共感人誓言

以下是孩子与家长都适用的自我喊话："我拥抱我的敏感天赋，每天给自己时间休息并充电。我会告诉支持我的人我的需求，不会隐藏天赋，并坦然做自己。我会尊重自己的能力，对能当个有爱心的共感人感到自豪。"

7

避开小题大做、背后捅刀的“有毒”同事

共感人必须能在工作环境中感到自在才有办法健康、快乐。其实谁不是这样呢？然而比起其他人，共感人缺乏隔绝刺激的压力防卫机制，在工作中非常容易陷入精疲力竭或生病的状态。共感人是创作者、发明家、梦想家、艺术家，感受先于理智。共感人工作时，往往跳脱思考框架，因此公司或传统办公室令他们感到束手束脚。不过，共感人如果从事能发挥天赋的工作，会感到充实、活力充沛、乐趣十足。

共感人在正确的工作环境中工作会十分活跃。适合共感人气质的工作可以启发我们，提供发挥创意的园地，让人精力大振，生活充满热情。此外，共感人如果知道自己做的是对世人有益的工作，即便只是以最小的方式帮助到人，乐于给予的共感人都会获得满足感。然而一旦选错工作，工作会立刻吸光共感人的精力，压力与情绪超载将带来一连串的情绪问题与身体症状。本章将分享如何依据自己的天赋与感官需求，找到最适合自己的职业生涯。由于大部分的工作通常工时很长，为了健康着想，共感人一定得找到大多数时候都感到自在的工作。

对共感人友善的工作环境

我们在工作中的自在程度，主要受三大因素影响：我们从工作中获得的意义、身旁的人散发的能量、实体空间的能量。请就这三件事，了解自己目前的状况，思考改善的方法。

一、有意义的工作

共感人喜欢做有意义、能配合自身敏感性格的工作。我们喜欢感到自己对他人的人生、对这个世界尽一份心力。这样的工作五花八门，从园艺、餐饮服务到医疗、社工、教育等助人的行业都有可能。最重要的考量是，你必须通过直觉就感受到那份工作对身体好，而且不会耗光你的精力，即使只要是工作，总有令人疲惫的时刻。

我感到自己十分幸运，我是作家、演讲者、医生，做着自己有热情的事。我和许多共感人一样，喜欢服务他人，也喜欢发挥创造力。共感人不论是担任健康照护专业人士、餐饮人员、律师，还是发型师，永远在协助同事及他人。服务别人是一种很美好的工作心态，可让各行各业的工作产生意义。波斯诗人鲁米说过："我们要从事与我们热爱的美相关的工作，跪下来亲吻大地的方式有千百种。"共感人若是谦逊地服务他人，为了世上的善而努力，即便是压力大或无聊的工作，也会变得可以忍受。

如果你希望在他处另觅更有意义的工作，爱与服务的重要性可以协助你弄清楚生命中的优先级。此外，不论做什么工作、是否做下去，要想着可以感恩的地方，而不是不断告诉自己这份工作有多惹人厌，这样才能带来建设性的改变。后文将介绍适合与不适合共感人的工作类型，协助各位替自己做出最好的选择。

二、身旁的人散发的能量

同事、上司、一起共事的人，决定了一份工作的舒适程度。敏感人士极容易受不了噪音、冲突、办公室政治。工作上别人觉得有点烦心的事，共感人可能会被完全击倒、焦虑不已。心思细腻的人，比较适合待在重视良好气氛、合作、互助的友善环境里；重视厮杀的华尔街可能就不太适合。理想上，我们需要感觉与同事、上司合得来——即便能体谅共感人的工作环境少之又少。然而，比较实际的目标是找到几个与自己契合的同事。虽然不太可能要求工作环境中的每个人都正面看待共感人，更别说要尊重共感人的需求，但若有贵人相助，事情会容易许多。如果有人在一旁支持，压力与疲惫感就不至于击垮我们。

有贵人相助很好，不过世界上到处是“能量吸血鬼”。第五章提过，此类吸血鬼包括自恋者、愤怒狂、受害者、以退为进者、喋喋不休者，以及喜欢小事化大的人。每个职场都有这种“能量吸血鬼”，只要被吸到，身心都会受影响，工作表现变差。“有毒”的同事、共事者、主管会对工作造成非常大的影响，因为很难避开他们。共感人一旦吸进别人的负能量，健康就会出现问题，感到倦怠、易怒、痛苦，如果是原本就有的症状则会加重。

请把前文提过的共感人自救法牢记在心，做好在职场上应付吸血鬼的准备。一位共感人告诉我：“我能撑到今天，靠的是专心做好自己的工作，远离自怨自艾、小题大做、在背后捅刀，或是抱怨个没完的人。”有一位共感人是护士，她说：“我尽量值晚班，避开白天的八卦、无意义的闲聊与院内政治。晚上的时候，我可以专心照顾病人，做好自己喜欢的工作。”我也建议各位复习本书的第五章，运用那一章提到的共感人自救法，好好在工作环境中保护自己，比如设定界限、升起能量防护罩与冥想，尽量不要耗损自己的能量。此外，待在正面的同事身旁也能缓冲“有毒”同事的影响。

三、实体空间的能量

每一栋建筑物、每一间办公室、每一个楼梯间，都有各自的精微能量。有的空间令人感到神清气爽，有的则不然。共感人的感官极度敏锐，直觉就能感受到实体空间的能量。我建议各位静静地感受工作环境的能量，确认那个气是好的。空间里有时会残留的正负能量，如果感觉气不对，可以洒一些玫瑰水净化室内。烧鼠尾草则要小心，虽然那是有效的空间净化法，但烟雾可能触发火灾警铃，或是让不理解能量净化仪式的同事不舒服，有些人确实觉得这种事很诡异。你也可以独自冥想，或是和志同道合的同事一起注入心的能量，移除负能量或滞留的坏能量。甚至可以请风水师帮忙，他们会教你如何摆放桌椅、植物、镜子、各式物品，营造出一个和谐的环境。

实体空间带来的感受还受其他因素影响，包括光线明暗、噪音、忙碌程度、气味、空气流动、同事之间相隔的距离、缺乏隐私等等。没有窗户或刺眼的日光灯会让共感人无法拿出好的表现。此外，共感人多少都有幽闭恐惧症，喜欢周围有大一点的私人空间，以免吸收到旁人的压力。拥挤的环境会让共感人躁动不安或精力流失，处在安静、开阔、有秩序的空间才能集中精神。

放置在身旁的许多电子装置也会耗损人体能量，这在“电子敏感人”身上尤其显著。手机和计算机发出的电磁辐射，影响着人脑与心脏周围的电磁场。“美国国家毒理学计划”近日的研究发现，手机辐射与老鼠的脑部及心脏肿瘤有关。[1] 一位共感人告诉我：“我尽量罩住桌前的荧幕，荧幕越大越不理想。我每用电脑一段时间，就会休息一下，手机也不要长时间使用。”

最后，工作环境中的人体能量，深深影响一个空间给人的感受。负面的人会产生负能量，正面的人会产生正能量。不过，即使身处混乱或引发焦虑的空间，你依然可以替自己制造一方小净土，例如在办公桌的四周摆放鲜花、水晶。

职场上的情绪感染

吸收环境压力对共感人来说有很不好的影响。研究证实，人类会接收到彼此的情绪，这种现象的专有名词是“情绪感染”。[2] 只要有一个员工焦虑或恐慌，他的情绪就会像病毒一样，瞬间传遍整间办公室，造成士气低落，生产力下降。开心的情绪同样能传遍整个工作空间，正面的情绪感染则可以增强同事间的合作程度、满意度与工作绩效。虽然每个人都会受到情绪感染，共感人受影响的程度尤其大。好消息是，我们可以从工作空间所有的正能量受益；坏消息是，我们也会染上同事的情绪与疾病。我们必须学着不把坏东西吸进体内。

雪上加霜的是，今日的办公室环境大都设计成开放空间，桌子和桌子之间没用墙隔开，或是只有玻璃隔板，每个人窝在一小格之中，基本上所有人共享同一个区域，听得见别人在讲话、抱怨、八卦、咳嗽、擤鼻涕、大笑、哼歌、嚼口香糖吹泡泡，还有打开糖果包装的声音。此外，你闻得到邻居的香水味，他们吃什么你都闻得到，还会看到人们走来走去。声音、气味、景象带来永无止境的感官刺激。这种缺乏隐私的工作空间，使共感人更容易吸进同事的压力。

幸好，我们还是能用有创意的方式，避免工作上的情绪感染。电子商务公司 Shopify① 调查自家员工后，发现内向和

---

① Shopify 是由托比亚斯·卢克创办的加拿大电子商务软件开发商。——编者注

外向的人数差不多。于是，公司的办公室设计师替两群人调整办公室空间，有的区域比较热闹、有较多的互动；有的空间则摆放可推到角落、制造隐私空间的高背沙发。有的办公间气氛有如舒服的图书馆，适合做“安静的工作”。Shopify利用各种设计元素，提供更多适合内向人士做事的宁静空间，让他们免于吸收同事的压力。

就算隔着遥远的距离，共感人还是可能会被他人的情绪影响，例如电话另一头的顾客与客户。在另一个空间的人感受到的事，我们也会感同身受。一位共感工作坊成员表示：“我最近刚开始卖人寿保险，讲电话让我很焦虑，就算客户只是想询问一些信息也一样。一些不在承保范围内却失去房子的客户，还有配偶死于意外的客户，他们的心情都让我感同身受。他们痛苦，我也跟着痛苦！”

身处刺激过多、令人情绪起伏的拥挤环境时，以下几种小技巧可以保护你的能量。

共感人自救法

在工作时设下能量界限

如果身处开放空间或混乱的办公室，可以摆放植物或家人及宠物的照片，围住自己的桌子，设下心理界限。记得要利用上厕所的时间休息一下。可以的话，到外面吸收一下新鲜空气。抗噪耳机（耳塞式或耳罩）可以隔绝对话与恼人的声音。此外，你可以想象一个发亮的金蛋壳罩住你的办公桌，赶走负能量，只让正能量进入。想象自己在这颗金蛋内很安全，受到保护。接下来的所有策略，皆能创造让你安心工作的防护罩。

我们无法掌控工作环境中的每一件事，但的确可以转换身体周遭的能量。若能专心安住于自己营造出的安全空间，不去管周遭的噪音与混乱，减少情绪感染，工作起来就会更有安全感、心情更愉快。

找到正确工作

对共感人来讲，有的工作会带来较多满足感，压力也比较小。共感人工作要做得好并乐在其中，必须尽力发挥敏锐的天赋、直觉、细腻的心思、安静的潜质及创意，而且不需要成为我们不是的人。

最适合共感人的工作

人们经常问我，哪种类型的职业及工作条件最适合共感人。一般来讲，压力较少的小公司或自行创业最适合共感人。在家工作，远离办公室的混乱，通常会让共感人比较开心。改用电子邮件、电话、短信，远距离处理情绪吸血鬼，不用面对面，工作将容易许多。如果各位在家工作，可以提前规划，定期休息释放压力。

我有许多共感病患喜欢自雇形态的工作，避开被同事耗光精力。共感人比较适合自己控制时间的工作方式，不适合没事就开团队会议的大公司（除非那个团队正面又团结）。一位共感人说："我努力做办公室工作，但试了好几次都不成功，于是在家创业。当自己的老板让我更有活力也更快乐。"另一位共感朋友告诉我："我在家当裁缝。我永远没办法一周待在办公室四十小时。办公室的气味、声音、灯光会让我生病。"

各位如果受雇于企业，可以和公司商量部分时间在家工作，靠网络、电子邮件、短信、即时通信软件保持联系。现今的工作潮流是不必时时绑在办公室里，这对共感人来讲是好消息，工作地点更有弹性。有个共感人帮自己安排了走到哪都能进行的工作，他建议生性敏感的人："我以前替企业工作，办公室政治耗光了我的精力。现在我用 Skype① 工作，

① Skype 是一款即时通信软件。——编者注

真是太美好了。你可以想一想自己喜欢做什么，思考一下你的技能组合，看看能否通过网络做你想做也有能力做的事。这是新形态的工作走向。”

不过，无论你是在家工作，或是待在一人办公室，小心不要变得与世隔绝，或是把自己逼得太紧，安排太多工作。独处之余，也要和同事、朋友见见面。我有一些共感病患发现，最好的办法是部分时间在家工作，另外借由在外面开会来打破孤立的状态。一位采取这种做法的共感财务顾问表示：“我喜欢独立作业，在不同地方与客户碰面，不必困在办公室或家里，也有办法安排自己的时间。”此类的工作安排胜过开车上下班，不必忍受堵车，以及在办公室待八小时以上带来的感官超载。时间管理是关键。

以上考量要如何应用在真实世界的工作？共感人适合自雇，自己当老板，或是从事作家、编辑、艺术家等创意工作。许多演员与歌手坦承自己“高度敏感”，像是女演员克莱儿·丹妮丝、女歌手莫莉塞特、女演员史嘉蕾·乔韩森，还有男演员金·凯瑞。

其他适合共感人的工作，包括网站与平面设计、虚拟助理、自行开业的会计师和律师，以及可自由接案的独立水电工与承包商等。只要你能设定严格的界限，规定什么时间才能找到你，不要把行程排得太满，担任不动产中介或四处跑的商业顾问也是不错的选择。景观设计、园艺、林业等能待在大自然的职业，还有保护地球与生态系统的工作，也是共感人很好的选择。

许多共感人心地善良，渴望服务他人，因此从事助人的行业，成为医生、护士、牙医、物理治疗师、心理治疗师、社工、老师、瑜伽老师、中医、按摩师、牧师、安养院工作人员、人生教练、非营利组织的员工或义工等具有使命感的工作。从事与动物、动物救援、兽医相关的行业，同样能带来工作满足感。然而，共感人在从事助人行业时，务必学习避免接收病患与客户的症状与压力，后文会再深入这个主题。警察或消防员等职业虽然十分英勇，但在工作环境中会面临高感官刺激，不免造成身体与情绪方面的创伤，对共感人来说可能压力太大。

利用直觉与爱心替大众谋福利的工作，共感人最能如鱼得水。一名共感病患告诉我："我很适合当大学教授，因为我能感觉到哪位学生需要额外的帮助。"另一位共感人表示："身为有效率的行政人员，人们来找我都很安心，因为我了解他们的需求。"助人会带给共感人很大的满足感，只是我们通常会过度付出，容易倦怠。不过，从事助人行业时只要懂得照顾自己，就能在改善众人生活的同时，拥有能带来深层满足的职业生涯。

共感人是许多行业的无价之宝，但各位需要找到适合自己的技能、天赋、性情的工作。企业、学术界、职业运动、军方、政府可能不欢迎共感人的特质。共感人比较适合助人的行业、人文行业、具备人道关怀精神的组织。请运用你的直觉，看看组织的使命与共同目标是否适合自己，感应自己能否融入那个组织的人员，以及工作环境的空间与能量。名称好听的工作不见得适合你，适合的工作必须通过你的直觉与身体感应的审查。

共感人应该避免的工作

保护自身能量的最佳方式，就是选择能提升你独特的共感天赋、不会榨干精力的工作。共感人最好别碰什么工作？销售工作名列前茅。很少有共感人喜欢当销售人员，尤其是内向的共感人，因为面对外界会耗掉我们太多精力。有一位从事技术支援工作的工作坊成员表示："我的性格太敏感，无法一直面对大发雷霆的顾客，即便他们并非无理取闹。"这位工作坊成员和许多敏感人士一样，人们的愤怒与压力让她无力负荷。另一位共感人告诉我："在沃尔玛超市当收银员差点让我焦虑症发作。拥挤的人群、叽叽喳喳的讲话声、扩音器的广播、刺眼的灯光、冗长的工作时间，全都让我疲惫不已。”不论是卖车子、钻戒，还是做广告，共感人通常受不了一整天处于“随时应战”的状态。

当然，只要你热爱自己的工作，就算是从事销售工作，情况也会不一样。一位共感人告诉我：“我有办法把我照顾宠物的专业能力推销给任何人，因为我热爱这份事业，我相信这个行业能造福大家，但是要我把一杯水推销给沙漠中快渴死的人，我就没办法了。”只要对工作有热情，就有办法克服障碍。

其他会带给共感人压力的职业生涯道路，包括公关、政治、管理大型团队的主管、出庭律师。此类高压工作需要外向人格、交际能力，以及决断力或野心。温柔的说话方式、敏感性格、内向人格都不太适合这类行业，因为一天下来通常要回复数百封电子邮件、讲大量的电话，对共感人来说刺激太大，可能导致焦虑症发作。幼儿园老师与托儿工作人员必须处理哭闹婴幼儿带来的混乱与噪音，同样可能让共感人精疲力竭。更别提担任中学副校长了。

主流的企业世界也不太适合共感人，共感人不太能接受“我们这里就是这样做事”的企业心态。我自己就没办法，那种态度总是让我感到沮丧，毫无商量的余地，显然不尊重个人需求。共感人是独立思考者，如果工作上有令人感到不对劲的事，他们会质疑现状。共感人必须知道某个决策背后的逻辑，才有办法接受为什么要那样做。此外，召开大量的团队会议，以及争权夺利的团队成员，同样会让共感人疲惫不堪。

许多共感人偏好不需要出差的工作，这样一来就不必忍受忙碌的机场、人群、陌生旅馆，但如果不得不出差，共感人必须学着照顾自己。我一位病患经营在线课程事业，必须经常参加和工作有关的会议。她借由着一个人在房间内用晚餐时，给自己喘息的时间。一位从事芳疗工作的共感人，经常需要开车前往不同的城市，她告诉我："开车时间，还有晚上待在旅馆，就是我的独处时间。我每次都在房间里摆满蜡烛。如果要停留较长时间，我还会买花，把旅馆房间布置得像家里一样。"我的空服员朋友说："我热爱旅游，但中间必须有些间隔，我无法一直接连旅行。"各位的工作如果需要搭飞机，可以戴降噪耳机。一名患者表示："我靠降噪耳机隔绝孩子的哭声，因为我总是被安排坐在小孩旁边。"（更多的旅游小秘诀请见本书第二章。）

就算你的工作不理想，但不做又不行，还是可以想办法让工作环境舒服一点。曾有共感人告诉我："我是公交车司机，每天被搭车民众的能量轰炸，所以我在公交车上放音乐，跟着哼唱。音乐让我开心，还可以避免吸收乘客身上的压力。此外，我会在心中默默祝福乘客来增加正能量。开始轮班前，我会先拿着祈祷钟在公交车里走一遍，清空前一个班次留下的负能量。”各位可以学习这位司机的做法，用本书描述的自救方式清除负能量，让工作空间充满更多正能量。

从事健康照护工作及其他助人的行业

共感人天生适合从事医疗与教学等协助他人的行业。此类工作能满足共感人喜欢给予的天性，有机会利用敏感天赋来治愈或点通他人。我自己是精神科医生，我有许多病患都是共感人；看到他们可以不再焦虑，卸下心防，热爱生活，这带给我极大地满足感。无数从事助人工作的共感人，都有着和我一样的感受。投身服务事业对共感人来讲，是相当棒的一件事。

非常可惜的是，许多从事服务工作的共感人把自己燃烧殆尽。共感人及医疗人员有可能碰上再也无力付出爱心的问题（即“悲悯疲惫”“慈悲疲倦”）。这种与压力相关的问题，源自付出太多、关心太多人，自己却什么都不剩，再也无力给予。这是怎么回事？服务人群者给得太多，却接收太多他人的痛苦。他们试着帮助他人时，把太多责任揽在自己身上，要是病患或被引导的人情况未改善、变糟或是放弃，便认为是自己做得不够好。举例来说，我认识一位协助戒毒的辅导员，他感到辅导对象复吸是他的责任。好心肠的医疗人员可能犯的错误，还包括让自己年复一年每小时都塞满病患，却没借由冥想稳住自己，或是看完一个病患没适度休息，又继续看诊。此外，他们的空闲时间依旧塞满活动，工作之余没好好放松，为自己充电。共感人要是疏于照顾自己，便很难在助人的行业待得长久，更别说要享受付出的乐趣。

一位参加我的直觉工作坊的大学生问我："共感人是否因为过分敏感，不适合从事艺术治疗？我想服务他人，但也想保护自己的能量。"我向他解释："共感人的敏感天赋让他们天生适合当治疗师，但如果要免于倦怠，必须每天充电，保护好自己的能量，不被病患或同事榨干。"

以下的自我照顾法，在工作时及下班后都适合施行。你不会因为随时吸收他人的压力、情绪、身体症状，而碰到无力再付出的问题。

避开倦怠与再也无力付出的诀窍

1. 给自己休息时间：在看下一个病患之前，固定给自己五分钟冥想或走一走的休息时间。尽量不要安排毫无间断的看诊行程，否则一下子就会过劳。

2. 行程不要塞太满：虽然有的工作不允许这样的弹性，但还是尽量不要安排太多服务对象。很忙的话，尽量不要塞进新的约会，将新约会改排到事情较少的那一天。

3. 吃就要好好吃：时间到了就要吃饭，记得要摄取可稳定心情的蛋白质。我在一天之中会不断补充少量蛋白质，保持能量与血糖稳定。记得避免摄取碳水化合物、巧克力棒、饼干、汽水及其他含糖食物，也不要吃快餐。你可以准备健康的零食，多喝水补充水分，或是喝绿色、抗氧化冰沙及其他有营养的饮料（请参考本书第三章，找到更多合适的食物）。

4. 营造宁静的工作空间：给自己一间宁静的办公室。如果在开放空间工作，至少要给自己一张气氛祥和的桌子。在周围贴上励志标语或任何能带来安宁气氛的东西。

5. 定期深呼吸：靠着正念深呼吸，清除自己吸收到的负能量。

6. 让办公室或工作空间充满心的能量：一天一次至多次，花几分钟把意念集中在位于胸腔中央位置。感受爱的能量流过全身，稳定你的心智。这么做的时候，慈悲的能量会涌出来，充满整个室内，如同四周撒上仙子的魔法粉尘，带给一个地方温暖与正能量。我多年来都利用这个方法，在办公室营造出慈爱的气氛。访客进入你的空间时，会在不知不觉中放松，甚至微笑。

7. 在工作时设立界限：温和、坚决地对职场上的“能量吸血鬼”说“不”。不要浪费时间在那些人身上，不要让精力被吸走。

8. 升起防护罩：碰上压力大的情境，或是接收到他人的情绪或症状时，想象用白光防护罩包住自己，只让正能量进入。这个方法适合所有的健康照护专业人员，包括推拿师、物理治疗师及其他身体治疗师。相关专业人员很容易因为肢体接触而吸收到病患的痛苦。一名牙医告诉我，他在看诊时会自动升起防护罩，以免感染到病患的焦虑。防护罩并不会降低你的敏锐程度，也不会阻碍你和协助的对象联结，只不过是避免让对方的压力与焦虑影响到你。

9. 水中排毒：泡泻盐浴或冲澡，洗去疲惫的一天中吸进的压力与痛苦。

10. 工作之余享受乐趣：定期给自己休闲娱乐的时间，让自己“充电”。在大自然里走一走，享受虫鸣鸟叫。大自然美景可以让你再次充满喜悦。休闲的时候专心休闲，不要想着病患，以及烦恼工作上碰到的问题。

多多利用以上策略，就会更有精力，不会一下子把自己燃烧殆尽。然后，你就会真正感受到助人的热情与兴奋感。某位共感人原本喜欢经营长者照护中心，但她一直在倦怠边缘徘徊，后来她开始想象防护罩，情况便有所好转。当她不再吸收养老院挥之不去的压力后，便再度唤起了工作的热情。

共感治疗师

具备共感能力的心理疗愈师（包括精神科医生、心理学家、婚姻与家庭咨询师、社工等），除了运用自己接受的常规训练，还经由直觉、同理心、灵性来协助他人，教病患聆听直觉并留意自身能量。这些医疗从业人员本身可能是共感人、高敏感人士，或是希望进一步培养共感能力。与高敏感人士或共感治疗师一起合作，好处是他们更能看见、感受或感应到病患的状况，有助于心理治疗的流程。我们这样的医疗从业人员能够联结直觉和灵性，有助于引导那些我们有幸治疗的人士。

当我训练健康照护人员将共感力用于治疗时，会教他们利用直觉的力量——心底那个清楚提供健康与医疗指引的小小声音。方法是让内心平静下来，召唤共感力，等待灵光一闪，听见体内冒出“啊哈！”的时刻。那是身体在告诉我们一些信息。我认为直觉是我们“最高的自我”或“灵”在说话。共感治疗师不需要拥有传统的宗教信仰（虽然有的人有），但一定要听从直觉，感受到更高的力量流过体内——治疗师可以把那个力量看成是宇宙、爱、大自然，或是任何让自己直觉产生共鸣的事物。

我所训练的健康照护人员，还要学习解读病患的精微能量。精微能量是一种诊断与治疗的工具，完全不同于我在加州大学洛杉矶分校接受的精神科医生训练。精神科医生的训练是以生物学与药学为基础。医疗人员若能同时结合传统科学与直觉医疗的智慧，对病患来说是很好的事。

我是治疗师，也是共感人。我在准备看诊前会先冥想，让自己镇定、专心，接着同时用理智与直觉聆听病患所说的话。我把自己的问题和私人议题摆到一旁，把所有的注意力集中在病患身上。看诊时，病患是我的宇宙中心。以无私的态度服务他人带给我能量，也让我深入聆听直觉，不受无关的念头干扰。

我的职责是引导病患走上正确道路，每个人有自己要走的路。他们痛苦时，我用亮光提供方向的指引。我了解到多数的痛苦情绪不会立刻消失，因此我尊重疗愈的不同阶段，不会因为自己受不了病患的痛苦，就催促他们快点好起来。带走病患的痛苦并非我的职责，不过我也不会让他们沉溺于痛苦之中。病患会不会成长不是我的责任，他们要自己想办法改变与成长。我的责任是开启成长的过程，一路上协助病患聆听直觉的智慧。以上的指引心态让我协助他人康复，但自己不会吸收他们的挣扎与痛苦。

以下我将用珍的例子介绍我如何辅导病患。珍是四十岁的室内设计师，总是爱上自恋狂，痛苦不堪。她的恋爱模式是被男友予取予求太久，之后对方就会离开她，她得花好几个月时间，才能从失恋状态走出来。珍想要改变这种不健康的模式。

我们第一次见面时，珍说两周前她交了一个新男友。“葛瑞格风趣迷人，是哈佛毕业的律师。”她滔滔不绝地说着：“他太完美了，跟我以前的男朋友都不一样，他会听我说话。”葛瑞格的一切让珍目眩神迷。我很替她高兴，但我也知道人在坠入情网时，很难看清对方的真面目（我有一个朋友开玩笑说，刚开始交往时，对方只是派了“代表”到你面前）。我用直觉感应葛瑞格时，直觉强烈警告我两人的关系会让珍痛苦，但我没有告诉她，因为直觉告诉我讲也没用。我的工作不是预测珍的未来，而是协助她做出最理想的恋爱决定，所以我告诉珍：“太好了！但你要多了解葛瑞格一点，确认他不像你之前交往的那些自恋狂，你最初也觉得那些男朋友很棒。你的直觉告诉你葛瑞格的哪些事？”珍试着聆听自己的直觉，但只感到她深受葛瑞格的吸引，误以为那就是命中注定的征兆。

我的工作是辅导珍在感受到强烈性魅力时，仍要聆听直觉，许多人常会被性魅力冲昏头。接下来，珍痛苦万分地和葛瑞格交往了一年。两人交往一两个月后，只要珍不顺着葛瑞格的意，葛瑞格就会变得冷酷无情，一生气就冷战。葛瑞格丢给她些许的爱，但接着立刻抽离。以上全是典型的自恋狂征兆。

这一课对珍来讲十分痛苦，但也非常重要，她必须学会辨识自恋狂。不管自恋狂在蜜月期对你有多好，他们本质上缺乏同理心。此外，珍也学到要用直觉评估潜在的伴侣，努力倾听内心的声音，直到获得指引，尤其是意乱情迷的时刻。

我们的治疗重点是引导珍再次接触内心的力量。她感到自己是一个有价值的人之后，就算葛瑞格一再承诺自己会改，珍也有办法对他说“不”。我很开心珍用自己的力量打破行不通的恋爱模式，成功离开了葛瑞格。珍下定决心要谈健康的恋爱，她所学到的事，促使她成为重视自身直觉、看清楚事情的女性。只要我们有心，每一次恋爱都能让我们学到东西，治愈心中的伤口。

我很荣幸能在珍的黑暗时刻提供亮光。如果我吸收她的痛苦，对她、对我而言都没好处。我清楚自己应该扮演的治疗角色，不会吸进不好的能量。碰上情绪激动的治疗情境，我会缓缓地呼吸，刻意稳住自己。我静下来呼吸并设立清楚的界限，在辅导珍的时候保持最清醒的头脑。

我有许多共感病患也是治疗师，和我一样热爱自己的工作。一位心理医生告诉我：“我喜欢全神贯注，靠直觉协助别人。有一股力量比我有智慧，我信任那股力量。”不过，身为共感治疗师最大的风险，就是如果不想办法解决感官超载的问题，一旦吸收进他人的情绪或身体病痛，我们会精疲力竭。一位精神科医生告诉我："我出现病患的症状，跟着头痛、反胃、背痛、忧郁、愤怒、忧伤。我简直负荷不了。"另一名患者也说："我当心理咨询师的时候，关不掉共感能力，最后只能离职。离开后，我是快乐、健康多了，但总是觉得人生缺了一个角，因为从事心理治疗工作是我的天命。"

此外，共感治疗人员有可能因为工作环境而感官超载。有一次，和我同一间办公室的同事突然感到焦虑、疲惫。我们发现我的病患会坐在他的椅子上，于是他吸收了那把椅子累积的压力。他问我能不能请病患坐别的椅子。我完全了解他的难处，立刻照做。在那之后，他在办公室时感到比较镇定，也比较自在。

共感人要如何追寻自己治疗人们的天命，但又不会生病、疲惫、接收病患的症状？接下来的自救法，以及本章提到的其他建议，都能协助各位稳住情绪，保持头脑清醒。各类型的健康照护专业人员都能受益。

共感人自救法

如何停止吸收病患的情绪

- 调整自己的心态：不要成为烈士。你的职责是引导病患，不是接收病患的痛苦，也不是帮病患解决痛苦。清楚意识到这一点后，就会更享受工作，也更能胜任工作。

• 找出你和病患之间三个明显不同之处：这个好方法可以协助各位避免在治疗过后，因为感同身受而沉溺于病患的情绪与痛苦中。你可以举出：我是女性，病患是男性；病患感到忧郁，我没有忧郁；我吃素，病患吃肉。这个方法可以提醒大脑你是你，病患是病患，设下界限可避免吸收不好的气。

• 不要试着替别人解决问题：复原要靠自己。你可以协助病患痊愈，但他们必须自己做出必要的改变才可能摆脱痛苦。

• 小心不要演变成共依存症：别人会不会改善，这不是你的责任。人们会按照自己的步调改变，而不是按照你的步调。当然，你会同情一再受苦的病患。你要尽最大的力量引导他们，但他们能否成长与克服障碍，那都不是你的责任。

• 你自己的问题也要解决：我们内心尚未解决的问题，将使我们更容易吸收到相关的负能量。病患引发你的情绪时，用心留意发生了什么事。问问自己："这个人碰上的问题，是否也是我自己需要治疗的问题？"找出是什么事刺激到你。忧郁？害怕被抛弃？担心被拒绝？亲密感问题？集中精神解决内心的相关问题后，就不会那么轻易吸收到相同的症状。各位可以参加治疗师同仁组成的督导团体，或是和自己的治疗师谈一谈工作时遇到的案例，看看是哪些事触发了你的情绪。

看诊时，永远稳住自己的心。不断呼出你接收到的不适，回到自己的心。心是最厉害的疗愈师，可以净化一切。如果你在看诊时情绪受到了刺激，运用防护罩及其他自救方式稳住自己。治疗结束后，探讨刚才是什么事触发了你的情绪，好好地深入了解。身为共感疗愈师的好处，就是我们自己也必须不断成长，更了解如何进行心理治疗。这对我们自己、对病患来说，都是好事一桩。各位在探索心灵、培养共感力时，记得多爱自己一点，抱着爱人、服务世人、自我成长的精神，享受这个觉醒的过程。

*　*　*

我希望本章带来让工作更美好的灵感。各位可以想办法让自己再度充满活力，继续做目前的工作，或是另觅更符合共感人需求的工作。你不需要靠职业生涯证明些什么。选什么工作都可以，只要能获得满足就行了。让自己开心的工作，就是合适的工作。压力大的时候，专心服务你的同事及其他你接触的人，转换负能量，安下心来。把难搞的对象当成来考验你的人，就能稳住自己，情绪也不会那么容易受刺激。留意自身的需求，去做能满足那些需求的工作。碰上工作压力时，永远要记得照顾自己，恢复元气，偶尔放纵一下。这样一来，不仅自己的共感心会成长，每一天也会过得越来越充实。

共感人誓言

我下定决心，努力吸引好的工作上门，让自己活力充沛。工作时，我懂得保护自己的敏感天赋，好好照顾自己。工作之余，我也懂得游戏与休息，给自己“充电”。

8

通往内心强大的路

共感人走过的历程是一生的探险。敏感人士有众多值得感恩的事，有办法体验强烈的热情与喜悦，看穿事物的本质，欣赏美、诗歌、生命的能量，你的同情心让你有能力协助他人。你永远不会冷漠无情、麻木不仁，你的敏感天性促使你关怀他人，感受世上的苦难。

共感人和大自然之间有着一种特殊的关系，花鸟虫鱼、树木、云朵都是你的朋友。荒原的宁静、沙漠的寂静、红岩峡谷与森林的辽阔、海洋的广大无边，都在吸引着你。你在满月下跳舞，身体感受到月神的慈爱，懂得天人合一，希望保护地球，保存大地之母的宝贵资源。

共感人有能力用正向的方式改变自己、改变家人、改变世界。我行医时，见到共感人经常“被选中”，负责打破家中的世代纠葛。共感人不一定是自愿扮演这个角色的，但这是他们的命运。只要共感人治愈自己、接受自己的敏感天赋，就能向亲人间不断重复的虐待、缺爱、成瘾等行为模式说“不”。于是，世世代代一直轮回的痛苦，在共感人身上停止。共感人站出来勇于接受自己的天赋后，将修补整个家族的伤痛。意识到问题的人，最有能力带来有效的改变。

朝着光明前进

地球不是一颗已开化的星球。地球充满无穷的喜悦，但也充斥无穷的苦难。共感人的任务是利用敏感天赋促进世上的善，让天平倾向光明的那一端。共感人必须成为光的战士，别让黑暗吓到自己。请相信悲悯的力量。男女老幼如果身旁围绕着强大、慈爱、细腻的能量，就会变得更好。你可以带来那样的能量。唯一妨碍你发光发热的阻碍是恐惧。共感人的任务是逐渐克服自己的恐惧，不再让恐惧阻挡我们走向光明。各位在克服恐惧的同时，别忘了自己并不孤单。

共感人既脆弱又强壮，代表新型的领导。共感人有能力对人道关怀产生重大的影响，促进人与人之间的理解，带领个人与全球走向和平的生活。然而，唯有带领革命的人以身作则，进行内在的情绪修炼，重大转变才可能持久。然后，政治、社会、环境等各领域，才可能出现我们需要的正面转变。共感人的共感能力可以带领一场慈悲的革命，拯救世界。

生态保护人士大卫·奥尔讲过我个人很喜欢的一段话："这个世界不需要更多'成功的人'。地球迫切需要更多带来和平的人、治愈身心的人、修补的人、说故事的人、热爱万物的人。这个世界需要让人们安居乐业，需要有道德勇气的人一起奋战，让地球变得适宜居住，散发人性光辉。以上种种特质，与我们的文化所定义的'成功'关联不大。"

共感人是带来转变的关键。感性是通往非暴力的道路。只要我们持续开启敏感天赋，定下心发挥力量，我们是治愈者、修复者，我们热爱这个世界。我们不必害怕真正的自己。我建议各位行善。只要努力行善，其余的自然会水到渠成。致力"从善"这个目标将是关键，因为这个世界正在加速。我们需要站稳慈爱的立场。你的力量越强大，就越能带来这个世界需要的改变。

感谢自己的共感天赋

各位在一生之中，请不断找出共感力可以如何造福自己、他人及人类整体。接下来的练习，将协助各位记住共感力发挥作用的实例，也是向自己的天赋“道谢”的方式。

反思练习
拥抱你的共感力

一天之中，随时运用共感力，益处良多。各位可以回想一下共感力带来的好处。

- 回想你有办法体会另一半的痛苦，靠强大的爱协助对方。
- 回想自己借由聆听直觉，得知最佳选择。因为聆听内在的声音，你选对了工作、交往对象或老师。
- 回想自己彷徨无依的时刻。在那样的时刻，与其贬低自己，陷入恐惧，不如用你的同理心疼惜自己。这种充满慈爱的心态，助你走过恐惧期。
- 回想曾有朋友经历痛苦的分手，而你用爱协助朋友走过伤痛。
- 回想自己曾以父母、老师、照护者的身份，鼓励孩子发挥敏感天赋，而不是引以为耻。你很开心能以这样的方式让孩子更幸福。

社群的力量

各位除了全心拥抱自己的天赋，我也建议“物以类聚”，找到和你一样的人。敏锐的人天生会“一起共感”。身旁如果围绕着其他正面的高敏感人士，我们的能力会以美好的方式增强。团结就是力量。

我鼓励各位在社区里组成共感支持团体，每个成员的天赋都会因此加强，相互理解。成员数可以是少数几人，也可以是大社群。社群的好处在于成员可以彼此协助。敏感的灵魂就算只被一个人“看到”，也能带来极大的抚慰。此外，社群也能让我们从健康的视角，处理自己的敏感性格。共感人一般都会严肃地看待自己，因为生活压得人喘不过气。然而，这种心态只会平添压力。资深共感人已经走过这条路，学会了应对技巧，能够教正在觉醒的共感人如何放轻松，以巧妙的方式解决困境，不必把自己压垮。我们感官超载时，支持团体可以协助我们排出负能量，稳住自己。进一步的细节可以参考本书最后的“成立社群：建立自己的共感支持团体”一章。

通往内在平静的道路

各位在自己的成长过程中，要记住自我接纳、内在平静、灵性成长不是一蹴而就的事。我们会一直回到自以为已经痊愈的问题，但这一次我们会发现更深刻的事实，进一步认识自己。因此成长对我来说，是一条令人兴奋的道路。我渴望靠近光明，不断深入探索生命。我感受到爱，以迂回的方式朝着光明前进。共感人拥抱深度。虽然自我觉察通常会把我们拉出舒适圈，有时也会带来痛苦，但我们将更能发光，充满慈悲心，与灵性联结。这是人类最宝贵的境界。每天早上醒来时，我都会在内心请求再次进入灵性与心的领域，知道自己处于宇宙的正确位置，然后再展开一天。

各位运用本书的自救法之后，将克服敏感性格带来的挑战，享受人生旅程。回想一下自从翻开本书的第一页后，自己产生的变化。请留意你全心接纳自己是共感人后，生活与人际关系出现的改善。每一次你听从直觉、坚定说出自己的需求、在混乱中稳住自己时，请恭喜自己有所进步。你要恭喜自己不再否定自身的感受，只为了让别人开心。你要恭喜自己，有能力在今天爱美好的自己，没有自我怀疑，也没有内在冲突。对自己的进展怀抱感恩的心，小小的一步也是宝贵的一步。各位不必担心自己又回到原本的样子，所有人偶尔都会退回原点。不论发生什么事，记得善待自己。

共感人是反抗文化的革命家，你们让人类再次充满人性。我为开创道路的各位鼓掌，你们勇于走一条不同的路，有勇气面对自己，说出自己真实的需求。尽管这个世界有着种种的不完美，你们却没有放弃这个世界。

我们都是共感家族的一分子，敏感天赋和心把我们连在一起。我们要借彼此的力量与慈爱，知道世上有人和我们一样，了解无论我们在世上哪个角落，都会在心中彼此相助，安心走下去。尽管我们不曾谋面，但我把所有的祝福送给各位，谢谢你们勇敢做自己。

在本书结尾，我献上最后一段共感人誓言给各位，在共感旅途上，勿忘一遍遍感恩自己拥有敏感这份天赋。

共感人誓言

我会珍惜自己，发誓让生命中充满珍惜我的人。我会利用敏感的天赋，让自己的生活、让这个世界更美好。我很感谢能踏上这场共感人的成长旅程。

自我保护快速参考指南

各位感到疲惫不堪、压力排山倒海而来时，可以翻阅本章提供的自救法，从中挑选一个方法。照顾自己的关键是一出现感官超载的迹象，或是开始吸收到他人的负能量与压力时，立刻有所警觉。越快减少刺激，越早专注凝神，就越能保护自己，维持稳定的情绪。

此外，各位可以录下本书介绍的各种想象法与冥想法，念出文字指示，中间加上适当的停顿。准备好冥想时播放，听从指示放松。

1. 共感防护罩的想象练习

防护罩是一种可以快速保护自己的方法，许多共感人靠着防护罩，隔绝有害的能量，但正能量依旧可以自由流通。

各位可以随时运用这个技巧。一旦某个人、某个地方、某个情境让你不舒服，就升起防护罩。当你来到火车站、派对、候诊室，或是碰上“能量吸血鬼”时，只要当场感到不舒服，都可以升起防护罩。

至少预留五分钟做这个练习。找一个可以感到心安的宁静空间，在不受打扰的状态下，松开身上的衣物，找到舒服的姿势，如盘腿坐在地上，或是在椅子上坐正。一开始先做几次长长的深呼吸。吸气，好好感受气进入体内，接着吐气，把气完全放掉。用身体感受呼吸，感觉自己与神圣的生命力量的“普拉纳”联结。

放开所有念头，让念头有如飘浮空中的云朵。回到呼吸，一遍又一遍，找到自己的核心。感受核心能量从脚趾跑遍全身，一直上升至头顶。专注于这个感受，能帮助你继续安定身心。

一边呼吸，一边想象一道美丽的白光或粉红光防护罩，完全罩住你的身体，并向外延伸几厘米，隔绝所有负面、带来压力、有毒性、不受欢迎的事物。你在防护罩的保护下，感觉自己稳如泰山、幸福快乐、充满能量。防护罩会隔绝掉负面的事物，但同一时间，你仍然感受到正面的美好事物。请让自己习惯有防护罩防身的感觉。每当你怀疑自己正在吸进他人的负能量，就可以想象这个防护罩。在心中对着这层保护说“谢谢”。深深地吸气、吐气，接着缓缓睁开眼睛，回到现实世界，完全回到自己的身体。

2. 接地的想象练习

每当感到超载，给自己一点安静的独处时间，降低受刺激的程度。利用独处时间补充能量，可以舒缓压力。利用以下的想象练习让心神归位。我自己每天至少做这个练习五分钟，也教病患做这个练习。

关上门，关掉计算机与手机，以舒服的方式坐着，深呼吸，放松身体，感受到宁静与祥和，压力消失不见。什么都不做，什么都不必想，只要呼吸、放松。出现杂念时，让念头像云朵一样飘在空中，不要被牵着走，只专注于缓缓地吸气与吐气。你感到宁静，压力离开身体。

在这个宁静的内在空间，想象自己的身体像一棵大树，粗大树干从头部到脚趾，一路沿着身体中线向下延伸。花几分钟感受这棵树的能量与活力，接着想象树根从脚底长出来，一路深入土里，越长越深，越长越深，带来一股令人心安的踏实感。每当你感到焦虑或恐惧时，专注于那些树根，让它们将你稳稳地立于大地之上。在人生的混乱时刻，这棵“内在的树”可以提供内在的力量，赋予你被保护的安全感。

3. 舒缓肾上腺疲劳的小诀窍

共感人如果要克服肾上腺疲劳，就得改变基本的生活习惯与饮食，用长期有效的方式让自己活力充沛。除了以下几个诀窍，也可以参考本书各章节提到的其他策略。

- 全食饮食：不吃加工食品及垃圾食物、麸质、糖、白面粉。第三章有详细信息。
- 饮食中添加喜马拉雅红盐：少吃低质量的盐。血压高的读者，一定要先请教医生。
- 运动：从事温和的运动，做伸展操，培养耐力，储备精力。
- 冥想：冥想可以增加人体内的内啡肽。内啡肽是一种天然止痛剂，可以减少压力荷尔蒙。
- 验血找出皮质醇浓度：如果皮质醇过低，可以考虑请医生推荐暂时性的天然皮质醇替代品。
- 多多休息：睡眠可以恢复体力，修复身体。

• 每天补充一定量维生素B。

• 在急性期，摄取大量维生素C，以增强你的体力与免疫力，维持肾上腺健康。家庭医生通常会提供这种疗法。我感冒时会用这个方法增强免疫力。

• 赶跑生活中的“能量吸血鬼”：努力让自己摆脱“有毒”的人，至少要设下清楚的界限，不让他们有机会吸光你的精力。请参考本书第五章。

4. 三分钟心的冥想

对抗身心不舒服的方法，就是立刻离开身旁的“有毒”情境，做一下三分钟心的冥想。这个方法几乎任何地点都适用，无论是家里、工作地点、派对浴室，还是公园长凳上都可以做。

闭上眼睛，做几次深呼吸，放松，将手掌放在胸口上。专心想着自己喜爱的美丽景象，如日落、玫瑰、海洋、孩童的脸庞，感受爱在心中与体内涌现，让这股爱意安抚自己。你被爱净化之后，负能量就会离开。一天数次，每次只要三分钟，感受心中的慈悲能量，感受压力被那股能量清除。

各位也可以把这样的慈爱送进身体的特定区域，例如我最弱的地方是肚子。每当我感觉自己吸收了别人的症状时，我会把手摆在腹部，把慈心送进去，化解不适。各位最敏感的地方是哪里？你的脖子？你有膀胱感染的问题吗？头痛？把慈心送到这些部位，将有毒的能量清除干净，不再滞留。

有时冥想自己的幸福不容易，冥想他人的幸福反而容易一些（同样也能打开你的心）。如果各位是这样，那就冥想他人的幸福吧。

5. 利用冥想，爱惜你的共感身体

你的身体是灵魂居住的殿堂，把身体当成朋友、神圣之所与接收直觉的管道，别当成敌人。接下来的冥想练习，可以协助你全然安住在身体里，进而活在当下，享受喜乐。

找时间独自待在一个美丽的空间。不要强迫自己的心安定下来，而是靠转换频道的方式。做几次深呼吸，感受每一次的吸气与吐气，让自己放慢，好好将注意力放在你的身体。让所有的负面念头流过，回到你的呼吸，回到神圣的气，感受气把你带进更深层的自我，让你的能量深深进入体内、细胞、器官。

将注意力放在你的脚趾，动一动脚趾，留意脚被唤醒的美好感受。接下来，将注意力放在你的脚踝，持续吸气、吐气，注意力移到小腿、膝盖。接着一路向上，将注意力放在你强而有力的大腿，感受到大腿的坚定，在心中感谢大腿撑住你。接下来，将注意力放在你的生殖器与骨盆区。许多女性感到那一块相当紧绷，你可以在心中说："我知道你的重要性，我再也不会背弃你，我将学习认识你、爱你，你是我的一部分。"

现在，将注意力放在你的肚子。你是否把紧绷、烧灼感或其他不舒服的感觉压在那里？腹部是我们处理情绪的地方，以正念将注意力放在这一区域。好了，现在将注意力放在胸部，也就是无条件的爱的中心。让这块区域成为你的朋友，把爱送给自己，感受一阵正面的能量流过你的心。时常回到这里，感受到滋养的能量。接下来，以同样的方式将注意力放在肩膀、手臂、手腕、美好的双手。动一动，感觉一下每根手指，它们是胸部的延伸。

接下来，把注意力集中在颈部和喉部。留意此处是否有任何紧绷感，导致你无法表达自己。把爱送至这一区域。

再来将注意力放在头部，感受自己美好的脸庞、耳朵、嘴巴、眼睛、鼻子，以及眉心。这是直觉的所在地。最后将注意力放在自己的头顶，感受这里传来的灵感。

准备好结束冥想时，在心中说“谢谢”，感谢回到身体的体验。告诉自己：“我已经完全准备好成为身心合一的共感人了。”深呼吸数次，然后缓缓、轻轻地睁开双眼，完全回到周遭环境，用前所未有的方式觉察自己的身体。

6. 避免共感超载，以及减压的诀窍

接下来的基本策略可以协助你处理负能量。我自己会在生活中运用这些策略，也教病患与工作坊成员使用。

- 吸薰衣草精油：你可以涂几滴在自己的眉心，稳定情绪。
- 待在大自然里。
- 明智运用时间：平衡独处时间与社交时间。时间管理是我能保持镇定的关键。我努力在两次看诊之间，留一点休息时间，还有个人生活也一样，不要一天安排太多事情。此外，我学着在感到超载时取消计划。所有共感人都必须学会这件事，不要在疲惫及需要休息时，硬逼自己出门。
- 与“能量吸血鬼”、“有毒”的人划清界限：说“不”就够了。你不需要为自己解释。我绝不让耗损我精力的人靠近我，尤其是在已经超载的时候。

• 练习爱惜自己：有机会就对自己好一点，没必要苛责自己。度过辛苦的一天之后告诉自己："我尽我所能了。亲爱的，没关系的。"

• 每年至少独自远离这个世界一次：事先计划好休假，在大自然或宁静的地方释放压力，重新调整身体的环境。我每年替敏感人士在依莎兰学院举办一次周末的休憩之旅，地点是加州大索尔太平洋上方的美丽红杉林。参加者可以在那里慢下脚步，聆听直觉，再次与心灵深深联结。此外，每年有几次，我会一个人到大自然里休息，恢复体内能量。

7. 向更高的力量求援

每当你想拿起酒瓶、大吃大喝，或是再次从事其他成瘾活动时，停下几分钟。记住，克服瘾头、恐惧、焦虑的秘诀，就是从成瘾的渺小自我，换挡至灵魂的力量。利用以下的练习，转换至自身更高的力量，脱离无力承受的心境，进入更开阔的觉知状态，不需要麻痹自己就能感到自在。

一天至少挪出五分钟，联结自身更高的力量，暂停忙碌的生活，停止解决所有问题。找一个宁静的空间坐下，可以是家里、公园、大自然，甚至只要关上办公室的门就好。坐定后深呼吸，慢慢放松身体。出现杂念时，想象那些念头是空中来来去去的浮云，不要抓着不放，回到呼吸的韵律中。

“灵”是一种能量。不论你认为“灵”是什么，处于放松状态后，在心中邀请“灵”现身。先往内在寻找，比较容易感受到“灵”。感受“灵”在自己心中，在自己体内。不要多想，感受一股爱的暖意打开你的心，接着流遍全身。感受自身更高的力量——真正感受到一股能量，享受那个感觉。不要急，不要有压力，让美好的感受进入全身。一旦感受过那股更高的力量，就能一遍又一遍轻易地与它再度联结。

你可以在这样的状态下，请“灵”提供特定协助，譬如“请协助我停止吸收恶霸主管的怒气”、“请让我在社交情境中不焦虑”、“请协助我的另一半理解我的敏感天赋”。效果最佳的方法，就是每次冥想只集中提一个请求就好。如此一来会让效力增强，也更容易追踪结果。

结束冥想时，在心中对着“灵”说“谢谢”，恭敬地微微欠身鞠躬，向整场体验致意，接着缓缓睁开眼睛。

8. 把蒲团放在冰箱前面

压力大、想远离负能量时，请借由以下策略抵挡大吃大喝的欲望。

在冰箱前面摆上打坐用的蒲团。每次想大吃大喝，蒲团带来的视觉线索可以阻止你打开冰箱门，提醒你现在该做的事是冥想，稳住心神。不要伸手拿食物，坐在蒲团上，闭上眼睛，呼吸数次，稳住自己的能量。温和地问自己，是什么原因让你很想吃东西。主管欺人太甚？感到焦虑？去一趟购物中心累了？在心中找出原因，温柔地对待自己。万一就是很想吃东西时，想象从头顶到脚趾，有一股爱的能量流过体内，让爱的神圣感受化解你的恐惧，带走不安。爱很温暖，可以滋养身心。请回到这种疗愈的感受，告诉自己没什么好怕的。你有足够的力量，用冥想稳住自己的能量。深深地吸气、吐气，一切都会没事的。

9. 找出与表达你的情感需求

了解自己的需求，并且有办法说出来，对共感人而言是很强大的自我保护方式。你将有能力尽全力投入一段关系。如果感觉事情不对劲，可以和对方讨论，不要一个人默默承受。替自己发声等同于找到力量。默不作声只会让你在一段感情中感到疲惫、焦虑，不被当成一回事，基本需求没被满足。多数人不会读心。为了自己好，你要把话说出口。接下来的练习可以协助你发声。

缓缓地规律呼吸，使心静下来。倾听内心，感受被听见的喜悦。放松之后，打开内心，在心中自问：有哪些事是我害怕开口要求，但却是我在一段感情中需要的那些东西？我希望别人一定要照顾到我敏感的哪一面？怎么样才会让我和这个人在一起时感到最自在？提出任何你想到的问题，靠直觉找出答案，不要试图用理智推演。听从你的身体，聆听身体给的信号，让顿悟的感受与直觉的答案冒出来。特别留意让你感到充满力量、受到保护的答案。

保持开放的心胸，不要筛选答案。你希望多一点独处或安静的时光吗？你希望偶尔自己睡吗？你想和另一半多出去玩、多聊天、多一点性爱吗？你想在满月下和伴侣共舞吗？让你的直觉涌现，不要批判，找出真正的感受。没什么好丢脸的，没必要压抑。

好好重视身为共感人的需求，温柔接受自己所有不同于他人的性格与敏感天性，让美好的感受鼓励自己真诚面对自己。找出什么事会让自己感觉舒服或不舒服，尊重自己，拒绝负能量。完成问答后，静静坐几分钟，享受处于好心情的感受。

10. 遵守不大吼大叫的原则

共感人受不了吼叫与大声说话，家中要遵守不大吼大叫的原则，和习惯乱发脾气的人订好规则。

我们的伴侣与朋友，必须同意避免在我们身边吼叫。我为了保护自己，在家严格执行这条规定。人们可以用不吼叫的健康方式，表达自己的不高兴。曾有共感人告诉我：“我受不了身边有争执。我的身体会感受到怒意，就好像我被打了一样。如果我要对着别人大吼大叫，我会好几天都感到精疲力竭。”此外，避免在孩子面前吵架，孩子常常误以为是因为自己才导致爸妈吵架。

11. 别让自恋狂伤害你

自恋狂以为整个世界都要绕着他们打转，自以为很重要，自以为是，随时都要成为注意力的焦点，需要别人无止境地赞美他们。自恋狂可能拥有非常强的直觉，但他们把直觉当成操控他人、达成目标的工具。请利用以下策略保护自己，远离自恋狂：

- 不要期待自恋狂能理解别人的感受。
- 不要让自己被操纵。
- 不用期待自恋狂会尊重你的敏感天性，他们极度冷酷无情。

• 不要爱上自恋狂：不论你感受到多强烈的吸引力，快逃。

• 避免替自恋狂老板工作：要是走不了，不要让自尊被老板的反应钳制。

• 和自恋狂沟通的唯一方法，就是满足自恋狂的自大心理：提出请求时，说出那对自恋狂会有什么好处。这是唯一能和自恋狂沟通的方法。举例来说，如果你想请几天假，参加和工作相关的大会，那就告诉老板："这场大会将让您的事业如虎添翼"，而不是"我会不在办公室"。若要顺利沟通、达成想要的结果，方法就是让自恋狂明白，你想做的事对他们有利。

• 结束与自恋狂的孽缘（或是任何你想斩断关系的人），方法是完全断绝来往：不要再联络，永远不要回头。

12. 面对愤怒狂时，要保护自己

愤怒狂通过控诉、攻击与控制他人来解决冲突，通常以吼叫的方式说出心声。愤怒狂在最亲的人面前最肆无忌惮。请利用以下策略保护自己：

- 让愤怒狂知道，你听见了：接下来，等对方冷静下来，再提议双方好好解决问题，告诉对方：“我想帮你，但你处于这种状态时，我很难听懂你要什么。”不要和他们一起大吵大闹。

- 约定好“不吼叫”原则：在你身旁不能乱叫。解决冲突不一定要大喊大叫。

- 保持冷静：被激怒时，不要吼回去。冲动的反应只会使你疲惫，雪上加霜。

- 如果对方不肯停止吼叫，自己离开现场，或要求对方离开。

- 被激怒时暂停一下：数到十，中场休息，停下“战或逃”反应。冷静下来之后，再回应他人的愤怒，要不然对方会把更多怒气发泄到你身上。

- 不论采取何种形式的沟通，都要收敛自己的情绪，包括信息、电子邮件、电话：选择要和对方对话时，请掌控自己的情绪。

13. 远离受害者

带有受害者心态的人，觉得“全世界都对不起我”，共感人会因为这种态度感到心力交瘁。“受害者”的人生碰到问题时，不认为自己有责任。共感人经常温柔地照顾表现得像是受害者的人，试图替他们解决问题。请利用以下方法与那样的人设立界限，避免变成共依存症，掉进陷阱，忙着照顾或安慰他们。

- 设下具备同情心，但清楚的界限：我们态度温和时，别人才会更有可能听进我们说的话。
- 运用“三分钟电话法”：听亲朋好友说一下话，接着告诉他们：“我支持你，但如果你一直讲同样的事，我顶多只能听几分钟。也许你该找治疗师协助你。”
- 面带微笑拒绝：例如对方如果是同事，你可以带着微笑告诉对方：“我会保持正面的心态，期待最好的结果。不好意思，我还有其他事情要做，得回去做事了。”如果是亲友，针对他们的问题，说几句话表达同理心，接着就改变话题，委婉地拒绝讨论下去。不要鼓励他们继续抱怨。
- 用肢体语言设下界限：交叉双臂，移开视线，暗示对方你在忙，不要纵容他们。

14. 小心小题大做型的人

这类型的人抛出太多的信息与刺激，共感人负荷不了。

喜欢小题大做的人，只要别人有反应，就会更起劲，但只要我们不随之起舞，他们会觉得没意思。坚持你的态度，他们很快就会感到无趣，去找下一个受害者。以下是几个基本原则：

- 不要问他们过得好不好：你不想知道。
- 一旦他们搬出那套戏码，深呼吸，冷静：不要陷进他们的故事。
- 设定温和但坚定的界限：譬如，告诉一直用夸张的理由放你鸽子的朋友："怎么会发生这种事，真是太不幸了，我看我们暂且不要重约时间。等过一阵子你状态比较好，有办法出门了，我们再约。"设定界限，把话说清楚，以免强化对方的行为。

15. 小心控制狂与爱批评的人

控制狂及爱批评的人，觉得自己有资格指导你。不论你想不想听他们的意见，他们照讲不误。不请自来、喋喋不休的建议会消耗共感人的精力。请利用以下建议远离那样的互动：

• 强势一点：不必规劝这种类型的人，他们只会替自己辩护。告诉他们："你的意见很宝贵，但我要自己想一想该怎么办。"

• 客气地要求对方不要再批评你：态度保持坚定，心情不要受影响，不要扮演受害人的角色。

• 留意自己的反应：如果你在那种人身旁感到自卑，找出是什么事让你没有自信心，把注意力放在解决那些问题上，你越有安全感，这类型的吸血鬼就越伤不到你。

16. 别让说个没完的人消耗自己的精力

长舌的人会使人丧失活力，尤其是共感人。共感人是很好的倾听者，我们常犯的错，就是忍耐喋喋不休的人太久，使自己疲惫不堪。请利用以下策略保护自己：

• 非口头的暗示没用，长舌型的人没感觉：只是拿出不耐烦或焦躁的样子，不会有效果，你必须打断他们，再难开口也得开口。

• 虽然你真的很想说："闭嘴，你快要把我逼疯了。"这种话只会惹恼对方，让对方萌生防卫心：微笑，以和善的态度借故离开。你可以告诉对方："不好意思，我打断一下，但我得和派对上的其他人说话”，或“我有事，先走了”。我常用的礼貌借口是：“我去一下洗手间。”

• 利用幽默感：如果是很熟的人，你可以开玩笑：“时间正在滴答滴答地流逝。”有一次我讲话时间太久，我的好友就是用这句话提醒的我。

17. 如果碰上消极反抗型的人

消极反抗型的人不会吼叫，而是带着微笑表达自己的愤怒，粉饰太平，传递矛盾的信息，不过共感人通过直觉就能感受到他们笑里藏刀。以下策略可以保护你远离此类行为：

• 相信自己：不要怀疑自己对消极反抗者的反应，他们把愤怒藏得很深。请相信你的直觉。

• 认出这种行为模式，和对方谈谈他们的行为。

• 一次只解决一个问题，消极反抗型的人才不会觉得你在攻击他们：举例来说，你需要有人帮忙，朋友一直说“好”，却始终没做到，请用不带情绪的语气告诉他们：“如果没办法的话，真的没关系。”然后看他们如何回应。他们可能会说：“抱歉，抱歉，我杂事太多了，我这就来帮忙了。”看看他们的行为是否真的有所改变。如果还是和以前一样，你可以再提一遍，或是干脆接受这是一个靠不住的人，不要再请他们帮忙。

• 如果得不到直接的答案，请对方说明自己的立场：针对对方的行为，找出解决办法。和消极反抗者把话讲开，可以逼他们表明立场。

18. 情绪宿醉处理法

共感人即便努力保护自己，依旧很容易碰上“情绪宿醉”，也就是与能量吸血鬼互动后，负能量依然残留在体内。有毒的情绪有可能一直留存，让你感到疲惫、生病、脑袋模糊，需要时间才能恢复。不妨试一试以下处理宿醉症状的方法。

• 做淋浴冥想：淋浴时，站在洒水的莲蓬头下，说出以下的祷词：“请让水洗净我身心灵中所有的负能量。”感受不断降下的清水洗涤你，使你神清气爽，恢复精神。

• 借助宝石的力量：随身携带水晶吸收地气，祛除情绪宿醉。也可以试试黑碧玺、紫水晶、黑曜石。

• 在屋内烧香：在美洲原住民文化中，燃烧草药或带香气的植物，可以净化空间内滞留的负能量。这个方法的名称是“烟熏”。我喜欢烧茅香，美好的气味在空气中流动时，我感到自己女性的一面得到滋养。鼠尾草也很有效。我平日也会捡柏树、尤加利、杜松的小树枝回家烧。各位可以实验一下，看自己喜欢哪种植物气味。

- 使用负离子产生器或盐灯：此类装置可以产生负离子，清除空气中的灰尘、霉菌孢子、花粉、气味、烟味、细菌与病毒，还能带走残留的负能量。淋浴时流动的水流也能产生负离子。

- 点白蜡烛：可带来冥想的心情，快速驱散周遭令人不舒适的气。白色包含光谱中所有的颜色，可以带来安详宁静的气氛。

- 洒玫瑰水或使用任何类型的芳香疗法：玫瑰水细致的香味令人心旷神怡，特别能抚平情绪宿醉。如果想利用精油的香气，可以使用芳疗法的精油喷雾器，让空气中散布芬芳香气。试试薰衣草、绿薄荷、杜松、鼠尾草、乳香或没药，感受香气净化能量与房间的美好感受，但记得不要使用人工合成精油，因为成分中含有毒性。

- 走进大自然：拥抱树木，光脚踩在地上，让自己接地气。享受花带来的喜悦情绪，握一颗石头在手中，呼吸新鲜空气，治疗情绪宿醉。大自然纯净的力量可以让你神智清醒，改善情绪。

• 布置神圣的冥想空间：在安静角落的桌上，摆放蜡烛、薰香、鲜花。在神圣的空间冥想，累积正能量，有助于治疗情绪宿醉。

• 寻求情绪支持：如果有害互动带来的负能量一直不散，例如你有个自恋狂老板或爱批评你的另一半，你可能需要额外的协助。和朋友或治疗师聊一聊，说出不舒服的感觉，驱散遗留的负能量。

19. 给妈妈的冥想练习：感受内在的女神

我建议妈妈们（包括怀孕中的女性）每天利用以下的冥想练习，享受内啡肽带来的好处，让精神、情绪或身体都感到祥和。此外，接下来的冥想还能带来由正能量形成的保护罩。

缓缓深呼吸五分钟，把手放在心脏的位置，让心中充满爱意，感谢自己能当母亲，体验为人父母带来的暖意、联结、祝福与感恩之情。母亲的照顾出自深深的爱意。感受体内“母亲女神”的力量。母亲女神是你的一部分，以一股神秘的力量联结着大地，以及所有的自然循环。许多古文化都崇拜母亲女神。请感受她的原始力量，感谢她存在于你的体内。

20. 协助孩子调降压力指数

传授共感儿以下的想象练习，教他们在感到感官超载时，打破压力循环。共感儿在家中、学校或是和朋友在一起时，都可以做这个练习。这个方法是所有共感儿的基本工具。

告诉孩子，想象在面前的桌上，有一个大大的仪表板，上头有刻度，最左边是“十”，最右边是“〇”。目前指针指着“十”。想象自己慢慢地拨那个指针，从“十”开始，朝顺时针方向拨到右边，数字越变越小，直到指向“〇”：十、九、八、七、六、五、四、三、二、一。一边拨，一边感到越来越轻松。你释放了压力，减少了不安的感受。指针指到“〇”的时候，你感到镇定与开心。

孩子如果年龄太小，没办法想象仪表板，你可以画一张图，要孩子指着自己的压力值，接着和他们一起慢慢数，一直数到“〇”。

21. 在工作时设下能量界限

共感人会吸收身旁的压力，工作时通常会不舒服。办公空间可能嘈杂，充满过度的刺激。万一身处情绪容易起伏或拥挤的环境，以下建议可以协助你保护自身的能量，升起令人安心的保护罩。

- 如果身处开放空间或混乱办公室，可以摆放植物，或是家人、宠物的照片，围住自己的桌子，设下心理界限。
- 休息一下：上一下厕所，或到外面吸收新鲜空气。
- 抗噪耳机（耳塞式或耳罩）可以隔绝对话与恼人的声音。
- 想象一个发亮的金蛋罩着你的办公桌，赶走负能量。你在这颗金蛋内永远安全，受到保护。

22. 如何停止吸收病患的情绪

共感人要如何追寻自己治疗人们的天命，又不会生病、疲惫、接收病患的症状？接下来的自救法，将协助各位稳定情绪，保持头脑清醒，各类型的健康照护专业人员在工作时都能受益。

- 调整自己的心态：不要成为烈士。你的职责是引导病患，不是接收病患的痛苦，也不是帮病患解决痛苦。清楚意识到这一点后，就会更享受工作，也更能胜任工作。

• 找出你和病患之间三个明显不同之处：这个好方法可以协助各位避免在治疗过后，因为感同身受而沉溺于病患的情绪与痛苦中。例如你可以举出：我是女性，病患是男性；病患感到忧郁，我没有忧郁；我吃素，病患吃肉。这个方法可以提醒大脑你是你，病患是病患，设下界限可以避免吸收不好的气。

• 不要试着替别人解决问题：复原得靠自己。你可以协助病患痊愈，但他们必须自己做出必要的改变才可能摆脱痛苦。

• 小心不要演变成共依存症：别人会不会改善，这不是你的责任。人们会按照自己的步调改变，而不是按照你的步调。当然，你会同情一再受苦的病患。你要尽最大的力量引导他们，但他们能否成长与克服障碍，那都不是你的责任。

• 你自己的问题也要解决：我们内心尚未解决的问题，将使我们更容易吸收到相关的负能量。病患引发你的情绪时，用心留意发生了什么事。问问自己："这个人碰上的问题，是否也是我自己需要治疗的问题？"找出是什么事刺激到你。忧郁？害怕被抛弃？担心被拒绝？亲密感问题？集中精神解决内心的相关问题后，就不会那么轻易吸收到相同的症状。各位可以参加治疗师同仁组成的督导团体，或是和自己的治疗师谈一谈工作时遇到的案例，看看是哪些事情触发了你的情绪。

成立社群，寻求支持

共感人在其他慈爱的敏感人士身旁会活跃起来，被“看见”，被理解。志同道合的团体能让共感人渡过难关，茁壮成长。不论要成立多少人的社群都可以，可以只有几人，也可以是一个大社群，重点是有了彼此的支持，团体中每一位成员的共感力都能有所成长，能帮助每一位成员走过艰难的时刻，安心地敞开胸怀，体验更多喜悦。

成立共感支持团体的原则

- 会员制度：决定你要采取邀请制还是对外开放。
- 地点：最好的聚会场所包含私人住所、安静建筑物内的会议室、公园的宁静地带。

• 聚会时间与频率：和成员确认最理想的时间，例如每周一次、两个月一次，或是每个月一次，一次六十至九十分钟。

• 团体人数：二至五十人之间都可以。决定是否要限制人数。

• 拟定短期的使命宣言：明确聚会的目的是讨论共感议题及解决之道，小心不要变成“互怜大会”。

可能的聚会形式

选项一

• 由一位成员自愿担任一至六个月的主持人，负责领导事务。

• 每次聚会前，由主持人出面邀请团员或外面的人士担任演讲者，分享身为敏感人士的经验，以及解决问题的方法。

• 由主持人欢迎大家参加这次聚会，一同宣读使命宣言。

• 成员进行两分钟的团体冥想，静下心来释放压力，准备迎接今日的聚会。

- 演讲者朗读本书大约三页的段落，接着由演讲者花十分钟讨论这次的主题。

- 接下来，大家开始分享今日的主题，每人的发言时间限制在三至五分钟，不要你一言、我一语。

- 分享过后，花五分钟时间，让大家一起做本书中的一个练习或冥想单元。

- 主持人指定一位成员，朗读书中一则共感人宣言，结束这次的聚会。

选项二

成立共感读书会。每次聚会前大家先阅读本书的一个段落，聚会时一起讨论内容。

谢　辞

我万分感谢众多人士，他们支持我写作，也包容我的共感人性格。我卓越的经纪人理查·潘恩是我最大的支持者，能力超群的苏珊·戈兰花很大力气替我细心地编辑。我的助理朗达·布莱恩除了是我讨论想法的对象以外，也是我的朋友。科瑞·佛森是我亲爱的伴侣、盟友兼知己。博瑞尼丝·格拉斯是我的好友与镜子，协助我去爱人，使我以更深刻的方式成长。洛林·罗奇与卡蜜儿·莫灵是我的朋友，也是写作同伴：我喜欢跟你们两个一起玩耍，在沙滩上散步，单纯享受在彼此身边的友爱时光。

我要特别感谢“真实之音”出版社的杰出团队：塔米·赛门、海文·艾维森、珍妮佛·布朗、蜜雪儿·克鲁特、温蒂·加德纳、琦拉·罗亚克、莎拉·葛瑞琦、克丽丝汀·戴伊、格雷钦·戈登。

此外，众多亲友给我灵感，分享自己的故事，提供本书难得的素材，我在此一一致谢：Ron Alexander、Margo Anand、Barbara Baird、Jim Benson、Barbara Biziou、Ann Buck、Laurie Sue Brockway、Ram Dass、Lily and David Dulan、Felice Dunas、Peter Erskine、Susan Foxley、Victor Fuhrman、Pamela Kaplan、Laura Greenberg、Sandra Ingerman、Reggie Jordan、Mignon McCarthy、Dean Orloff、Maxine Orloff、Meg McLaughlin-Wong、Cathy Lewis、Liz Olson、Dr. Richard Metzner、Charlotte Reznick、Al Saenz、Rabbi Don Singer、Leong Tan、Josh Touber、Mary Williams。

我的病患与工作坊成员也帮了很大的忙，我从他们身上学到许多东西。为了保护他们的隐私，书中使用化名，也更改了身份细节。此外，我也要感谢我的脸书共感支持社群近六千位的成员，他们勇于面对自己共感人的身份，运用敏感天赋，让自己的人生和世界更美好。

注 释

第 1 章

1. "Sensitive? Emotional? Empathetic? It Could Be in Your Genes," Stony Brook Newsroom (June 2014): sb.cc.stonybrook.edu/news/medical/140623empatheticAron.php.

2. Lea Winerman, "The Mind' s Mirror," American Psychological Association Monitor on Psychology 36, no. 4 (October 2005): 48, apa.org/monitor/oct05/mirror.aspx.

3. Rollin McCraty, Mike Atkinson, Dana Tomasino, Raymond Trevor Bradley, "The Coherent Heart: Heart-Brain Interactions, Psychophysiological Coherence, and the Emergence of System-Wide Order," Integral Review 5, no. 2 (December 2009): heartmathbenelux.com/doc/McCratyeal_article_in_integral_ review_2009.pdf.

4. Elaine Hatfield, Richard L. Rapson, Yen-Chi L. Le, "Emotional Contagion and Empathy," The Social Neuroscience of Empathy (March 2009): doi:10.7551/mitpress/9780262012973.003.0003.

5. Thomas Levy, "Altering Brain Chemistry Makes Us More Sensitive to Inequality," Berkeley News (March 2015): news.berkeley.edu/2015/03/19/dopamine-inequality/.

6. Michael J Banissy, Jamie Ward, "Mirror-Touch Synesthesia Is Linked with Empathy," Nature Neuroscience 10 (2007): 815 – 816, nature.com/neuro/journal/v10/n7/full/nn1926.html; Thomas J. Palmeri, Randolph B. Blake, Ren Marois, "What is synesthesia?" Scientific American (June 2002): scientificamerican.com/article/what-is-synesthesia/.

第 2 章

1. Dominik Mischkowski, Jennifer Crocker, Baldwin M. Way, "From Painkiller to Empathy Killer: Acetaminophen (Paracetamol) Reduces Empathy for Pain," Oxford Journals: Cognitive and Affective Neuroscience (May 2016): doi:10.1093/scan/nsw057.

第 6 章

1. Erika M. Manczak, Anita DeLongis, Edith Chen, "Does Empathy Have a Cost? Diverging Psychological and Physiological Effects within Families," Health Psychology 35, no. 3 (March 2016): 211 – 218, doi:10.1037/hea0000281.

2. Sarina M. Rodrigues, Laura R. Saslow, Natalia Garcia, Oliver P. John, Dacher Keltner, "Oxytocin Receptor Genetic Variation Relates to Empathy and Stress Reactivity in Humans," Proceedings of the National Academy of Sciences 105, no. 50 (December 2009): 21437 – 21441, doi: 10.1073/pnas.0909579106.

3. Diana Divecha, "Is Empathy Learned—Or Are We Born with It?" Developmental Science (December 2012): developmentalscience.com/blog/2012/12/02/is-empathy-learned-or-are-we-born-with-it; Alison Gopnik, "'Empathic Civilization': Amazing Empathic Babies," The Huffington Post

(April 2010): huffingtonpost.com/alison-gopnik/empathic-civilization-ama_b_473961.html; Daniel Goleman, "Researchers Trace Empathy' s Roots to Infancy," New York Times (March 1989): nytimes.com/1989/03/28/science/researchers-trace-empathy-s-roots-to-infancy.html?pagewanted=all.

4. Janet L. Hopson, "Fetal Psychology: Your Baby Can Feel, Dream, and Even Listen to Mozart in the Womb," Psychology Today (September 1998): psychologytoday.com/articles/199809/fetal-psychology.

5. Janet A. DiPietro, Sterling C. Hilton, Melissa Hawkins, Kathleen A. Costigan, Eva K. Pressman, "Maternal Stress and Affect Influence Fetal Neurobehavioral Development," Developmental Psychology 38, no. 5 (September 2002): 659 – 668, doi:10.1037//0012-1649.38.5.659.

6. Tobias Grossmann, Tricia Striano, Angela D Friederici, "Infants' Electric Brain Responses to Emotional Prosody," NeuroReport 16, no. 16 (November 2005): 1825 – 1828, doi: 10.1097/01.wnr.0000185964.34336.b1; Ashik Siddique, "Parents' Arguing in Front of Baby Alters Infant Brain Development," Medical Daily (March 2013): medicaldaily.com/parents-arguing-front-baby-alters-infant-brain-development-244769.

第 7 章

1. Nora D. Volkow, Dardo Tomasi, Gene-Jack Wang, Paul Vaska, Joanna S. Fowler, Frank Telang, Dave Alexoff, Jean Logan, Christopher Wong, "Effects of Cell Phone Radio Frequency Signal Exposure on Brain Glucose Metabolism," Journal of the American Medical Association 305, no. 8 (February 2011): 808 – 813, doi:10.1001/jama.2011.186.

2. Elaine Hatfield, Richard L. Rapson, Yen-Chi L. Le, "Emotional Contagion and Empathy," The Social Neuroscience of Empathy (March 2009): doi:10.7551/mitpress/9780262012973.003.0003.

第 8 章

1. Michael Forrester, “Increasing Solar Activity and Disturbances in Earth’s Magnetic Field Affect Our Behavior and Increase Our Health,” The Mind Unleashed (September 2014): themindunleashed.org/2014/09/increasing-solar-activity-disturbances-earths-magnetic-field-affect-behavior-increase-health.html; Jacqueline Marshall, “Solar Flare: The Sun Touches Our Psyche,” Washington Times (March 2012):washingtontimes.com/news/2014/dec/31/solar-flare-sun-touches-our-psyche/; R.W. Kay, “Geomagnetic Storms: Association with Incidence of Depression as Measured by Hospital Admission,” The British Journal of Psychiatry 164, no. 6 (March 1994): 403 – 409, doi:10.1192/bjp.164.3.403.

参考阅读书单

（如有中文版，后附中文版书名）

1. Aron, Elaine. The Highly Sensitive Person: How to Thrive When the World Overwhelms You. New York: Broadway Books, 1997.

（伊莲 · 艾融，《高敏感族自在心法》）

2. Aron, Elaine. The Highly Sensitive Person in Love: Understanding and Managing Relationships When the World Overwhelms You. New York: Harmony, 2001.

（伊莲 · 艾融，《启动高敏感的爱情天赋》）

3. Aron, Elaine. The Highly Sensitive Child: Helping Our Children Thrive When the World Overwhelms Them. New York: Harmony, 2002.

（依莲 · 艾伦，《孩子，你的敏感我都懂》）

4. Beattie, Melody. Codependent No More: How to Stop Controlling Others and Start Caring for Yourself. Center City, MN: Hazelden, 1986.

（梅乐蒂·碧媞，《每一天练习照顾自己》）

5. Borba, Michele. UnSelfie: Why Empathetic Kids Succeed in Our All-About-Me World. New York: Touchstone, 2016.

（蜜雪儿·玻芭，《我们都错了！同理心才是孩子成功的关键》）

6. Bradshaw, John. Healing the Shame That Binds You. Deerfield Beach, FL: Health Communications, 1988.

（约翰·布雷萧，《治愈束缚你的耻辱感》）

7. Cain, Susan. Quiet: The Power of Introverts in a World That Can’t Stop Talking. New York: Broadway Books, 2013.

（苏珊·坎恩，《安静，就是力量》）

8. Chödrön, Pema. When Things Fall Apart: Heart Advice for Difficult Times. Boulder, CO: Shambhala Press, 1996.

（佩玛·丘卓，《当生命陷落时》）

9. Eden, Donna, and David Feinstein. Energy Medicine: Balancing Your Body’s Energies for Optimal Health, Joy, and Vitality. The Penguin Group, 2008.

（唐娜·伊顿、大卫·费恩斯坦，《能量医疗》）

10. Naparstek, Belleruth. Your Sixth Sense: Unlocking the Power of Your Intuition. San Francisco: Harper One, 1997.

（蓓儿罗丝·纳柏丝蒂，《超感官之旅》）

11. Ram Dass. Be Here Now. New York: Crown Publishing Group, 1971.
12. Salzberg, Sharon. Lovingkindness: The Revolutionary Art of Happiness. Boulder,

CO: Shambhala Publications, 1995.
(莎伦·萨尔茨堡,《慈爱:幸福的进化艺术》)

13. Tolle, Eckhart. The Power of Now. Vancouver, BC: Namaste Publishing, 1997.

(艾克哈特·托勒,《当下的力量》)

14. Vitale, Joe and Hew Len, Ihaleakala. Zero Limits: The Secret Hawaiian System for Wealth, Health, Peace, and More. New York: Wiley, 2007.

(乔·维泰利、伊贺列卡拉·修·蓝,《零极限》)

15. Zeff, Ted. The Strong, Sensitive Boy. San Ramon, CA: Prana Publishing, 2010.